品質管理検定講座　新レベル表対応版

QC検定3級 模擬問題集

細谷 克也［編著］

岩崎 日出男
今野 勤
竹山 象三
竹士 伊知郎
西 敏明［著］

日科技連

はじめに

　"品質管理検定"(略して,"QC 検定"と呼ばれる)は,日本の品質管理の様々な組織・地域への普及,ならびに品質管理そのものの向上・発展に資することを目的に創設されたものである.

　2005 年 12 月に始められ,現在,全国で年 2 回(3 月と 9 月)の試験が実施されており,品質管理センターの資料によると,2015 年 9 月の第 20 回検定試験で,総申込者数が 676,758 人,総合格者数が 362,927 人となった.

　QC 検定の認定は,品質管理の実践や品質管理の手法について,必要性の観点から,知識,能力に関するレベルを設定し,筆記試験により,知識レベルを評価するもので,1 級・準 1 級から 4 級まで,4 つの級が設定されている.

　受検者にとっては,①自己能力をアピールできる,②仕事の幅を広げるチャンスが拡大する,③就職における即戦力をアピールする強力な武器となる,などのメリットがある.

　受検を希望される方々からの要望に応えて,筆者たちは,先に受検テキストや受検問題・解説集として,
- 『品質管理検定受験対策問題集』(QC 検定集中対策シリーズ(全 4 巻))
- 『QC 検定対応問題・解説集』(品質管理検定試験受験対策シリーズ(全 4 巻))
- 『QC 検定受験テキスト』(品質管理検定集中講座(全 4 巻))
- 『QC 検定模擬問題集』(品質管理検定講座(全 4 巻))

の 16 巻を刊行してきた.いずれの書籍も広く活用されており,合格者からは,「非常に役に立った」との高い評価を頂戴している.

　品質管理検定運営委員会では,品質管理検定レベル表(Ver.20081008.3)を改定し,新レベル表(Ver.20150130.1)を 2015 年 2 月 3 日に公表し,第 20 回試験から適用している.

　今回の改定のポイントは,①項目の内容について再検討し,必要に応じて項

目の分割などの整理・並べ替えを行う，②同一項目における級ごとの出題内容を区別し，明確にする，の２点である．

そこで，先の『QC検定模擬問題集』をリニューアルし，『新レベル表対応版　QC検定模擬問題集』(品質管理検定講座(全4巻))を刊行することとした．

本シリーズでは，過去問の傾向・レベルを研究して作成した模擬問題に解答と解説を加えてある．

本シリーズの特長は，次の7つである．

(1) 本番で想定される問題を精選し，出題範囲を広くカバーしている．
(2) ○×式，記号選択式など，過去の問題形式に従っているので，問題の形に馴れることができ，知らず知らずのうちに本番での解答能力が身に付く．
(3) 過去問をよく研究して執筆してあるので，ポイントやキーワードがしっかり理解できる．
(4) 解説を読むことによって，詳細な知識が養成され，出題範囲を効率よく勉強できる．
(5) QC手法については，受検者の多くが苦手とする分野に紙数を割き，具体的に，わかりやすく解説してある．
(6) QC手法は，公式をきちんと示し，できるだけ例題で解くようにしてあるので，理解しやすい．
(7) 章末に，"本章で学ぶこと"，"理解しておくべきキーワード"がまとめられている．

本シリーズは，品質管理検定講座編集委員会が執筆したが，メンバーは，日本品質管理学会の支部長や理事などの歴任者であり，大学や実業界で品質管理を指導しておられるQC界の権威者である．

本書は，3級の受検者を対象にした『新レベル表対応版　QC検定3級模擬問題集』である．3級を目指す人々に求められる知識と能力は，QC七つ道具については，作り方・使い方をほぼ理解しており，改善の進め方の支援・指導

を受ければ，職場において発生する問題を QC 的問題解決法により，解決していくことができ，品質管理の実践についても，知識としては理解しているレベルである．すなわち，基本的な管理・改善活動を必要に応じて支援を受けながら実施できるレベルである．

受検前に自分の力を本模擬問題集で試してもらうとともに，解説を拾い読みすることにより即戦力が養成できる．

ページ数の関係から，すべての内容を詳しく記述できないので，足りないところは，他のテキストや演習・問題集などを併用してほしい．

今後，他の級についても，順次新レベル表に対応させ刊行する予定である．

本シリーズが，一人でも多くの合格者の輩出に役立つとともに，QC 検定制度の普及，日本のモノづくりの強化と日本の国際競争力の向上に結びつくことを期待している．

最後に，本書の出版にあたって，一方ならぬお世話になった㈱日科技連出版社の田中健社長，戸羽節文取締役，石田新氏に感謝の意を表する．

2016 年　桜前線が北上する頃

品質管理検定講座編集委員会
委員長・編著者　細谷　克也

品質管理検定(QC検定)3級の試験内容

(日本規格協会ホームページ "QC 検定" http://www.jsa.or.jp から)

1. 各級の対象(人材像)

級	人　材　像
1級／準1級	・部門横断の品質問題解決をリードできるスタッフ ・品質問題解決の指導的立場の品質技術者
2級	・自部門の品質問題解決をリードできるスタッフ ・品質にかかわる部署(品質管理,品質保証,研究・開発,生産,技術)の管理職・スタッフ
3級	・業種・業態にかかわらず自分たちの職場の問題解決を行う全社員(事務,営業,サービス,生産,技術を含むすべての方々) ・品質管理を学ぶ大学生・高専生・高校生
4級	・初めて品質管理を学ぶ人 ・新入社員 ・社員外従業員 ・初めて品質管理を学ぶ大学生・高専生・高校生

2. 3級を認定する知識と能力レベル

3級を目指す方々に求められる知識と能力は，QC 七つ道具については，作り方・使い方をほぼ理解しており，改善の進め方の支援・指導を受ければ，職場において発生する問題を QC 的問題解決法により，解決していくことができ，品質管理の実践についても，知識としては理解しているレベルです．

基本的な管理・改善活動を必要に応じて支援を受けながら実施できるレベルです．

3. 3級の試験の実施概要

データの取り方やまとめ方の基本と QC 七つ道具の利用，新 QC 七つ道具の基本，QC 的ものの見方・考え方，管理と改善の進め方，品質，プロセス管理，問題解決，検査と試験，標準化など，基本的な管理・改善活動に関する事項，並びに4級の試験範囲を含む理解度の確認．

4. 3級の合格基準
・総合得点概ね70％以上．
・出題を手法分野・実践分野に分類し，各分野概ね50％以上得点すること．

なお，新レベル表（Ver. 20150130.1）および品質管理検定の詳細は，日本規格協会ホームページ"QC検定"をご参照ください．

目　次

はじめに ………………………………………………………………… iii

品質管理検定（QC検定）3級の試験内容 ……………………………… vi

		問題編	解答・解説編
第1章	QC的ものの見方・考え方 ………………	2	76
第2章	品質の概念 ………………………………	6	83
第3章	管理の方法 ………………………………	9	88
第4章	品質保証 …………………………………	13	94
第5章	品質経営の要素 …………………………	21	109
第6章	データの取り方・まとめ方 ……………	28	122
第7章	QC七つ道具 ……………………………	34	130
第8章	新QC七つ道具 …………………………	55	146
第9章	統計的方法の基礎 ………………………	58	150

		問題編	解答・解説編
第10章	管理図	61	153
第11章	工程能力指数	67	158
第12章	相関分析	69	161

付表 …………………………………………………………………… 72

引用・参考文献 ……………………………………………………… 164

第1章 QC的ものの見方・考え方

問題1.1

QC的ものの見方・考え方に関する次の文章において，□内に入るもっとも適切なものを下欄の選択肢からひとつ選び，その記号をマークせよ．ただし，各選択肢を複数回用いることはない．

① 企業が長期的な製品の売上による継続的な利益を得るためには，市場の (1) に適合する製品を提供することが重要であり，何よりも品質を最優先に考えることが大切である．この考え方を (2) という．

② 品質は，製品，サービス自体の品質だけでなく，それらを提供する際のコスト，納期も含めて考えられており，この考え方は (3) の品質といわれる．

③ 品質の改善は (4) になると考えられがちである．しかし，製造工程の改善による品質改善を行えば，工程の不具合の減少，工程の稼働率の (5) ，不適合品の手直しや廃棄処理の (6) などにより， (7) が期待される．

【選択肢】
ア．生産量第一　　イ．コスト第一　　ウ．コストダウン　　エ．減少
オ．狭義　　　　　カ．広義　　　　　キ．コストアップ　　ク．ニーズ
ケ．向上　　　　　コ．品質第一　　　サ．シーズ

問題1.2

QC的ものの見方・考え方に関する次の文章において，□内に入るもっとも適切なものを下欄の選択肢からひとつ選び，その記号をマークせよ．ただし，各選択肢を複数回用いることはない．

① 製造される製品の品質は，　(1)　によって把握されなければならない．この考え方は，　(2)　という．
② 製造される製品の品質特性は，　(3)　ものである．したがって，製造工程の良し悪しの評価は，多数の製品の品質特性の集団的性質に基づいて行わなければならない．このとき，　(4)　の適用が有効となる．
③ 製造される製品の品質特性のばらつきを小さくするには，全体のばらつきを　(5)　原因によるばらつきと，　(6)　原因によるばらつきに分けることが重要である．前者のばらつきは，現状のデータ解析において，ばらつきを減らすための攻めどころが見つからないばらつきである．しかし，後者のばらつきは，対策を施すべき原因によるばらつきであり，その原因を除去し品質を安定化させる必要がある．この考え方を　(7)　という．

【選択肢】
ア．データ　　　　　　イ．見栄え　　　　　ウ．一定な　　　エ．ばらつく
オ．QC手法　　　　　　カ．IE手法　　　　　キ．偶然
ク．直観による管理　　ケ．ばらつきの管理　コ．平均値の管理
サ．異常　　　　　　　シ．事実に基づく管理

問題1.3

QC的ものの見方・考え方に関する次の文章で，正しいものには○，正しくないものには×を選び，マークせよ．

① マーケットインを実践するには，製品を設計どおりに製造すれば，マーケットインは達成できる．　　　　　　　　　　　　　　　　　　　(1)
② 不適合品の低減活動では，すべての不適合項目に一律の低減目標を掲げ，網羅的に行うことが必要である．　　　　　　　　　　　　　　　(2)
③ 自工程の作業性を向上させるために，後工程への半製品の搬送形態を変更したい．しかし，この変更が，後工程に問題を引き起こすことにならないか

を検討するために，後工程と協議を行った． 　(3)

④ 作業標準とは，適合製品を作るための作業方法を記述したものであるから，自分の仕事の方法をきちんと文書化し，個人的に管理すればよい．
　(4)

⑤ 不適合品が発生したとき，工程や作業方法における原因を調査して取り除くことが再発防止であり，工程の改善，作業標準の改訂などは必要がない．
　(5)

⑥ 未然防止とは，何らかの計画を実施するに伴って発生するであろう問題を実施前に摘出し，計画の修正や問題の出現時の対策を用意しておくことである．
　(6)

問題1.4

Q電気株式会社ではLED電球を製造しており，生産活動に対して以下の考えを持っている．□内に入るもっとも適切なものを下欄の選択肢からひとつ選び，その記号をマークせよ．ただし，各選択肢を複数回用いることはない．

a．Q電気では，LED電球を設計・製造している．
b．Q電気では，多少寿命の短い電球が混入しているが，低価格で電球を顧客に提供するのでよいだろうと考え，出荷に踏み切った．
c．工場では，設計書に基づいて製造しているが，設計書に合致したものを製造しているつもりなので，それなりの寿命の電球が製造できているとして，電球の寿命に関するデータはとっていない．
d．また，製造作業には，熟練工が担当しているので，作業方法は，彼らに任せている．
e．製品の出荷に際しては，数秒間の点灯を確認する検査を全製品に対して行っている．
f．全数検査によって点灯不適合の電球を除外しているので，点灯不適合の電

球が発生しても，特に製造工程の見直しは行わない．

① 文章 b は，　(1)　の考え方に反している．
② 文章 c は，　(2)　の考え方に反している．
③ 文章 d は，　(3)　の考え方に反している．
④ 文章 f は，　(4)　の考え方に反している．

【選択肢】
ア．価格第一　　　　　イ．品質第一　　　　　ウ．事実に基づく管理
エ．KKD に基づく管理　オ．プロセスによる管理
カ．検査による管理　　キ．標準化

第2章　品質の概念

問題2.1

品質に関する次の文章において、☐☐☐☐内に入るもっとも適切なものを下欄の選択肢からひとつ選び、その記号をマークせよ。ただし、各選択肢を複数回用いることはない。

① "品質"とは、「本来備わっている (1) の集まりが、 (2) を満たす程度」とされている。
② よい品質の製品とは、"最高"、"最上"の製品を意味するのではなく、目的を達成するのに、その製品のはたらきが" (3) "であることを意味し、 (3) であるかどうかの評価には、 (4) や納期なども参考にされる。
③ 製品の品質には、その製品を使用した際のはたらきだけに注目するのではなく、使用の容易さ、寿命、廃棄の容易さなど、製品の (5) にわたっての顧客の期待を考慮しなければならない。
④ 品質管理活動では、よい品質の製品を顧客に提供することにより、顧客の (6) と信頼を得ることで、 (7) の売上と利益を確保しようとするものである。

【選択肢】
ア．要因　　イ．特性　　ウ．要求事項　　エ．必要事項　　オ．最適
カ．最高　　キ．価格　　ク．汎用性　　ケ．満足　　コ．期待
サ．短期　　シ．長期　　ス．ライフサイクル

問題2.2

次の文章で説明される状況は、ねらいの品質、できばえの品質のどちらに関連するのかを判定し、もっとも適切なものを下欄の選択肢からひとつ選び、そ

の記号をマークせよ．ただし，各選択肢を複数回用いてもよい．

① スマートフォンの新製品を販売したが，片手で操作するには大きすぎ，持つと滑りやすいと不評で，売上が伸びなかった． (1)

② 新製品のスマートフォンを使用してみたが，充電不良となった．修理を依頼したところ，充電端子の取付け具合に不備のあったことが判明した． (2)

③ 新型 LED 電球の製造において，LED 集合体内の LED の配置を調整することが，重要な工程となっている．製造初期には，LED の配置不適合（不良）が多発し，予定生産量を確保するのが大変であった． (3)

④ 新型 LED 電球の製造において，LED 集合体内の LED の配置を調整することが，重要な工程であり，大変難しい作業であった．そのため，反射鏡の形状に改良を加え，ほぼ LED 配置の調整なしに製造できるようにした． (4)

⑤ 廉価版のデスクトップ PC（パーソナルコンピュータ）を新発売した．しかし，生産性を確保するため，USB メモリの接続端子が PC 背面に集約されており，USB メモリの接続に非常に手間のかかる結果となってしまった． (5)

⑥ 廉価版のデスクトップ PC を新発売した．しかし，USB メモリ接続に関する故障が頻発したので，故障品を回収して原因を調査した．その結果，設計上の強度はあるのに，接続端子の形状に変形の認められるものが発見された． (6)

【選択肢】
　ア．ねらいの品質　　イ．できばえの品質

問題2.3

次の文章に記述されている内容は，品質特性，品質要素，代用特性のいずれ

かに関するものであるかを判定し，もっとも適切なものを下欄の選択肢からひとつ選び，その記号をマークせよ．ただし，各選択肢を複数回用いてもよい．

① ハードディスクレコーダーを購入する際には，同時録画できるチャンネル数，ダビングに使用できる DVD の種類数，ダビングに要する時間などが気になる． (1)
② ハードディスクレコーダーの新製品の今回の設計では，同時録画機能の多チャンネル化，ダビングに使用できる DVD の汎用化，ダビングの高速化を重点的に配慮するようにした． (2)
③ ファミリーレストランの開店に際して，入店のしやすさ，料理提供の迅速性，メニューの豊富さなどを重点的に配慮した． (3)
④ ファミリーレストランの開店に際して，透明ガラスの自動式ドアを設置し，料理の提供は 3 分以内を目指し，メニューは最低 25 種類を用意するようにした． (4)
⑤ 開店したファミリーレストランに対する顧客満足の指標として，来客グループごとの追加注文メニュー数をすべて記録するようにした． (5)

【選択肢】
ア．品質特性　　イ．品質要素　　ウ．代用特性

第3章　管理の方法

問題3.1

次の文章において，□□内に入るもっとも適切なものを下欄の選択肢からひとつ選び，その記号をマークせよ．ただし，各選択肢を複数回用いることはない．

① 管理活動には2つの側面がある．良い状態を (1) し続ける (1) 活動と，製品やサービスの品質，さらにはそれを生み出す仕事の質を，より良いものに (2) していく (2) 活動の2つである．

② 管理のためには，PDCA のサイクルを回すことが必要である．現状維持の仕事などの場合には，PDCA のサイクルではなく (3) のサイクルとすることがある．また，A の後の段階で (4) を行うことも重要であり，この場合には (5) のサイクルという．

③ 組織は，品質マネジメントシステムの適切性，妥当性および有効性を (6) に改善しなければならない．

【 (1) ～ (6) の選択肢】

ア．打破　　イ．維持　　ウ．改善　　エ．発展的　　オ．持続的
カ．継続的　キ．SDCA　ク．SDCAS　ケ．PDCAS　コ．DCAS
サ．標準化　シ．基準化

④ 品質管理活動における問題とは，「理想とする状態と (7) との間に差（ギャップ）があること」とされている．理想とする状態には，「本来あるべき状態」と「将来においてありたい状態」の2つがある．このうち前者を理想とした場合の (7) との間に差があることを (8) という．

⑤ 問題を見つけるためには，パレート図を用いた (9) ，比較対象の明確化，時間の推移による変化を把握することなどが有効である．

⑥ (10) の手順では，アイデアと発想の抽出が極めて重要なステップである．ここでは，新 QC 七つ道具の手法などが有効である．

【(7)～(10) の選択肢】
ア．以前の良い状態　　イ．重点指向　　ウ．問題解決型 QC ストーリー
エ．課題　　　　　　　オ．狭義の問題　カ．課題達成型 QC ストーリー
キ．現状

問題3.2

Q社の改善活動に関する次の文章において，□□□内に入るもっとも適切なものを下欄の選択肢からひとつ選び，その記号をマークせよ．ただし，各選択肢を複数回用いることはない．

① ステップ1　テーマの選定

粉状殺菌剤の製造工程において，最近，不適合品率が5％以上と高く，大きな問題となっていた．そこで，不適合品率の低減活動を進めることになった．

② ステップ2　現状の把握と目標の設定

過去1カ月間の不適合品の発生状況を不適合項目ごとに集計して，(1) を作成した．その結果，不純物混入不良が特に多く，全体の約80％を占めていることがわかった．そこで，まず不純物混入不良について対策を実施することにした．目標として，現在の不純物混入不良の発生率を半減し，全体の不適合品率を3％以下にすることにした．

③ ステップ3　活動計画の作成

ガントチャートを用い，2カ月後のテーマ完結を目指した計画を作成した．

④ ステップ4　(2)

過去1カ月間の不純物混入不良の推移を見るため，(3) を作成したところ，不純物含有量に周期性のあることが判明した．周期的な変動の原因について，関係者が意見を出し合い，(4) にまとめた．その結果，精製工程のろ

布の交換頻度に問題がありそうなことがわかった．

この仮説を検証するため，ろ布の使用時間と不純物含有量の　(5)　を作成したところ，正の相関関係が見られた．

⑤　ステップ5　(6)

作業者が状態を見ながら交換していたろ布の交換頻度を，(5)　から求めた適正な交換頻度といえる1週間ごとに決め，1カ月間，不適合品の発生状況を確認することにした．

⑥　ステップ6　(7)

この結果，不純物混入不良の発生率は1％に，全体の不適合品率も2％となり，目標を達成した．

⑦　ステップ7　(8)

当該作業の作業手順書を改訂するとともに，1週間ごとに行う設備点検の際に使用する　(9)　に「ろ布交換」の項目を追記し，交換漏れのないようにした．また，同種のろ布を用いる設備についても，ろ布の交換頻度の調査を行うようにした．

【(1)　(3)　(4)　(5)　(9)の選択肢】

ア．ヒストグラム　　　イ．折れ線グラフ　　ウ．特性要因図
エ．チェックシート　　オ．散布図　　　　　カ．パレート図

【(2)　(6)　(7)　(8)の選択肢】

ア．効果の確認　　　イ．標準化と管理の定着　　ウ．対策の検討と実施
エ．要因の解析　　　オ．反省と今後の対応

問題3.3

QCストーリーに関する次の文章で正しいものには○，正しくないものには×を選び，マークせよ．

①　テーマの選定に当たっては，結果系の問題ではなく手段系の問題をテーマにするよう心がける． (1)
②　目標の設定では，改善の対象となる管理特性を決め，達成したい目標値とともに達成期限を明確にする． (2)
③　要因の解析では，過去のデータや日常採取されているデータは使い物にならないので，新たに実験や観察を行ってデータを採取する． (3)
④　効果の確認で，目標値が達成できなかった場合には，要因の解析にまで戻って活動を行う． (4)
⑤　効果の確認では，直接的な効果のほかに間接的な効果が重要であるので，充分な間接的効果が得られた場合には，直接的効果が得られなくても「目標を達成した」と評価してもよい． (5)

第4章　品質保証

問題4.1

次の文章において，□内に入るもっとも適切なものを下欄の選択肢からひとつ選び，その記号をマークせよ．ただし，各選択肢を複数回用いることはない．

① かつては品質に関する問題については，不具合が生じた場合に修理や取替え交換によって (1) するという考え方が中心であった．しかしながら，このようなやり方では顧客の信頼を得ることができないため，メーカーでは品質を (2) する体制作りを進めてきた．
② よい製品を作るためには，(3) を (2) する検査だけでは不十分であり，商品企画，設計，製造，検査，販売・サービスといった各段階で，(4) による (2) をし，望ましい結果を得るようにする必要がある．
③ 品質 (2) に関する活動について，全社レベルでまとめた図を (5) という．

【選択肢】
ア．保証　　イ．プロセス　　ウ．品質保証体系図　　エ．機能系統図
オ．結果　　カ．原因　　　　キ．補償　　　　　　　ク．保障

問題4.2

表4.1は，新製品開発においてよく使われる手法をまとめた表である．□内に入るもっとも適切なものを下欄の選択肢からひとつ選び，その記号をマークせよ．ただし，各選択肢を複数回用いることはない．

表 4.1　新製品開発に用いられる手法

主に適用する場面	手法名	手法の概要
市場調査 製品企画	(1)	製品に対する顧客の要求と，それを満足するための技術的品質特性，さらに部品の品質および製造工程の管理項目に至る一連の関係について，二元表を用いて整理する
製品設計	FTA	(4)
製品設計	FMEA	(5)
製品設計	(2)	関係各部門が参画し，設計の審査を行う
生産準備	(3)	不具合・誤りと工程(プロセス)の二元的な対応において，どの工程で発生防止と流出防止を実施するのかをまとめる

【選択肢】

ア．DR　　イ．保証の網(QAネットワーク)　　ウ．品質機能展開
エ．顕在化した不具合事象の要因を掘り下げ，問題解決に役立てる
オ．構成要素の故障モードとその上位アイテムへの影響を解析する

問題4.3

次の文章において，□□□内に入るもっとも適切なものを下欄の選択肢からひとつ選び，その記号をマークせよ．ただし，各選択肢を複数回用いることはない．

① 近年では，製品の販売時だけではなく，長期間の使用時にも，そして　(1)　に至るまで品質保証するということが要求されるようになっている．　(2)　全体での品質保証という考え方である．
② 製品は，その有用性が重要であるが，さらに製品が広く受け入れられるためには，安全性が確保されなければならない．また，安全性は，製品が使用

者に危害を与えないようにする (3) の問題と，社会や環境への悪影響を排除する (4) の問題に分けられる．

③　製品やサービスの欠陥に関して，消費者が供給者に対してもつ不満を (5) という． (5) のうちで，特に修理，取替え，値引き，解約，損害賠償などの請求があり，これを供給者が認めたものを (6) という．

④　 (6) 処理は，製品そのものの欠陥・不具合に対する供給者の処理責任であるが，これに対し，製品の使用者または第三者が受けた人的・物的損害に対する賠償責任を (7) という．

【選択肢】
ア．苦情　　　　　イ．製造物責任　　ウ．クレーム　　　エ．廃棄
オ．不平　　　　　カ．環境配慮　　　キ．交換　　　　　ク．製造者責任
ケ．製品ライフサイクル　　　　　　　コ．製品安全

問題4.4

QC工程図（表）に関する次の文章において， ☐ 内に入るもっとも適切なものを下欄のそれぞれの選択肢からひとつ選び，その記号をマークせよ．ただし，各選択肢を複数回用いることはない．

①　QC工程図（表）は，製造工程全体を通じて工程管理活動の (1) の検討や，製造工程の (2) に活用することができる．また，QC工程図（表）には， (3) ，関連帳票などの (4) としての機能もある．

【 (1) ～ (4) の選択肢】
ア．維持　　　　イ．試料　　ウ．整合性　　エ．監査　　オ．台帳
カ．作業標準　　キ．改善　　ク．規格

②　QC工程図（表）は， (5) の段階で，計画中の工程管理方法が妥当であ

るかどうかをチェックできる．もちろん，　(5)　の段階だけではなく，工程監査，　(6)　段階においても，工程管理の状況のチェックに活用できる．

【　(5)　　(6)　の選択肢】
ア．量産　　イ．調達　　ウ．初期故障　　エ．工程設計

問題4.5

作業標準に関する次の文章において，□内に入るもっとも適切なものを下欄のそれぞれの選択肢からひとつ選び，その記号をマークせよ．ただし，各選択肢を複数回用いることはない．

① 作業標準とは，作業の　(1)　，作業条件，作業方法，作業結果の　(2)　などを示した標準である．作業の標準化により，品質の安定，　(3)　の防止，作業の安全を図ることができる．

【　(1)　～　(3)　の選択肢】
ア．確認方法　　イ．目的　　ウ．災害　　エ．仕損　　オ．担当
カ．予測方法

② 実際に作業を行う人を対象に作業方法などを定めた作業手順書などの作成にあたっては，　(4)　が変わっても，記載されたとおりの作業を行えば，安定した品質の製品が作られるようにすることが重要である．
　このため，作業のやり方は，できるだけわかりやすく，　(5)　具体的に表現することが必要である．また，　(6)　であることが必須であるので，作業者の意見を取り入れることも必要である．

【　(4)　～　(6)　の選択肢】
ア．作業者　　イ．文章だけで　　ウ．写真や図を使って　　エ．設備

オ．実行可能　　カ．改訂不可

③　作業標準や QC 工程図（表）では，工程図記号を用いて，工程を図示したフローチャートが使われることがある．工程図記号の◇は，　(7)　を表す記号である．

【　(7)　の選択肢】
ア．加工　　イ．貯蔵　　ウ．品質検査　　エ．滞留

問題4.6

次の文章で正しいものには○，正しくないものには×を選び，マークせよ．

①　工程に異常が発生したときには，迅速に処置を行うことが重要であるので，現場の作業者の判断ですべての処置を行うことが基本である．　(1)
②　工程異常が発生した場合には，再発を防止することが重要であるので，再発防止対策が確立するまでの間は，特段の処置を行う必要はない．　(2)
③　工程に異常は発生していないものの，発生の兆候が見られる場合にも，上司などに報告・連絡・相談をすべきである．　(3)
④　工程に異常が発生した場合には，異常な工程を正常に戻すことを優先して行うことが重要である．したがって，異常な工程で製造された製品の処置については，再発防止対策を検討する段階で行えばよい．　(4)
⑤　法令違反が疑われるような事象が発生した場合には，工程の異常と同等，あるいはそれ以上の緊急の対応が必要である．　(5)
⑥　例えば，「汚染水の河川への流出」といった事故が発生した場合には，外部への通報の前に自社でできる限りの処置を行うことが基本である．
　　　　　　　　　　　　　　　　　　　　　　　　　　　　　　　　(6)
⑦　工程能力調査とは，自工程が前工程または後工程に対して単位時間当たりの生産能力が十分であるか否かを調査することである．　(7)

問題4.7

検査及び試験に関する次の文章において，☐☐☐内に入るもっとも適切なものを下欄のそれぞれの選択肢からひとつ選び，その記号をマークせよ．ただし，各選択肢を複数回用いることはない．

① (1) とは，品物またはサービスの1つ以上の特性に対して，規定要求事項と比較して，(2) しているかどうかを判定することである．
　 (1) には，個々の品物またはサービスに対して行うものと，(3) に対して行うものがある．一方，(4) とは，サンプルの何らかの特性値を調べることを意味し，その結果で合否判定を行うことが (1) である．

【 (1) ～ (4) の選択肢】
ア．分析　　イ．検査　　ウ．工程　　エ．劣化　　オ．試験　　カ．処置
キ．ロット　ク．適合

② (1) には，得られた製品・サービスの品質に関する情報を (5) に伝達し，不適合品などの (6) を行うという目的もある．

【 (5) (6) の選択肢】
ア．前工程　　イ．修理　　ウ．再発防止　　エ．後工程

③ 検査には多くの種類があるが，検査の行われる段階で分類したものに，(7) 検査，工程内検査，(8) 検査などがある．このうち，受入側が実施する検査は (7) 検査である．この検査では，供給側が行った検査結果を使用して確認することにより，受入側の試験を省略することがある．これを (9) 検査という．また，(8) 検査終了後，ただちに製品が出荷される場合には，(8) 検査は (10) 検査となる．

【 (7) ～ (10) の選択肢】
ア．間接　　イ．最終　　ウ．直接　　エ．購入　　オ．出荷
カ．無試験　キ．全数　　ク．抜取

④　検査の性質で分類すると，破壊検査，非破壊検査などがある．このうち，(11) 検査は，(12) 検査には適用できない．

【 (11) (12) の選択肢】
ア．破壊　　イ．非破壊　　ウ．抜取　　エ．全数

問題4.8

次の文章で正しいものには○，正しくないものには×を選び，マークせよ．
①　計測の定義には，事物を量的にとらえることだけでなく，質的にとらえる場合も含まれる．　(1)
②　計測器の管理は，専門業者による定期的な管理を行えば十分であり，日常的な点検などは不必要である．　(2)
③　同じ計測器を用いれば，測定者が変わっても測定値がばらつくことはない．　(3)
④　測定の単位は，各国の裁量に委ねられており，国際的な単位系というものはない．　(4)
⑤　測定値の大きさがそろっていないことをかたよりがあるという．　(5)

問題4.9

次の文章において，□内に入るもっとも適切なものを下欄の選択肢からひとつ選び，その記号をマークせよ．ただし，各選択肢を複数回用いることはない．

① "官能特性"とは，「　(1)　の感覚器官が感知できる属性」である．
② "官能特性"は，見る(視覚)，聴く(聴覚)，嗅ぐ(嗅覚)，味わう(味覚)，触れる(触覚)という　(2)　によって判断する特性である．
③ "官能特性"は，官能　(3)　に利用する品質特性ということもできる．
④ ビールののどごしは，　(4)　な測定が困難であるが，人の　(2)　によって評価できる品質特性であり，官能特性である．
⑤ 官能特性を測定するのは人間の評価者である．そのため，評価者ごとの感受性の違いによる　(5)　のばらつき，同じ評価者であっても，評価時における体調などによる　(6)　のばらつきの影響は無視できず，安定した評価値を得るには細心の注意を払わなければならない．
⑥ 人間が実際に感じるぶどうの甘さは，官能　(3)　によって判定しなければならない官能特性である．しかし，一般には，　(7)　計によって，甘さが評価されている．これは，　(8)　で判断される甘さの　(9)　特性として，　(7)　を利用していることになる．
⑦ 人間の「感覚」だけでなく，人間の情緒や感情などの「感じ方」をも含んだ品質のことを　(10)　という．

【選択肢】
ア．動物　　　　イ．人　　　　　ウ．五感　　　　　　　エ．六勘
オ．調査　　　　カ．検査　　　　キ．理化学的　　　　　ク．心理学的
ケ．個人内　　　コ．個人間　　　サ．糖度(糖の含有量)　シ．味覚
ス．代用　　　　セ．代替　　　　ソ．感性品質　　　　　タ．機能品質

第5章 品質経営の要素

問題5.1

管理と改善の進め方に関する次の文章において，□□□内に入るもっとも適切なものを下欄の選択肢からひとつ選び，その記号をマークせよ．ただし，各選択肢を複数回用いることはない．

① 方針管理とは，「組織体において，　(1)　を達成するための手段として制定された中・長期経営計画，あるいは　(2)　経営方針を体系的に達成するためのすべての活動」のことをいう．
② 方針は，組織が達成すべき　(3)　の選択とその達成に向けての目標と　(4)　で構成される．
③ 例えば，部目標，部　(4)　からなる部長方針が策定されると，この部　(4)　の中身を受け，課長実施項目として課目標と課　(4)　が策定される．この流れを方針　(5)　という．
④ 目標は，　(6)　項目を決め，　(6)　グラフなどを用いて，その達成状況を監視しなければならない．
⑤ 期末には，目標未達の要因解析を行うとともに，期の活動を評価・反省し，　(7)　の方針策定に結びつけなければならない．

【選択肢】
ア．経営目的　　イ．業務目的　　ウ．月次　　エ．次期　　オ．重点課題
カ．実践項目　　キ．管理　　　　ク．手段　　ケ．展開　　コ．拡張
サ．方策　　　　シ．今期　　　　ス．年度

問題5.2

次の文章は，日常管理を効果的に進めるためのステップの一例を示したもの

である．□内に入るもっとも適切なものを下欄の選択肢からひとつ選び，その記号をマークせよ．ただし，各選択肢を複数回用いることはない．

ステップ1：自部門が他部門に対して果たすべき (1) が何であるかを明らかにする．
ステップ2：自部門の職務のプロセスを明確化し，プロセスに対するインプットおよびアウトプットを明確にする．
ステップ3：プロセスが予想どおり働いているか，安定しているかを判定するために計測すべき (2) を管理項目として選定する．
ステップ4：プロセスが安定状態である場合に得られるプロセスの (2) がとるべき値を (3) として設定する．
ステップ5：プロセスの異常を発見するために， (4) を監視する．
ステップ6：プロセスに異常が発生した場合には，その (5) を追究する．
ステップ7：異常の影響を最小化するには，応急対策が必要であるが，異常の (6) を防止するためには，ステップ6で追究した (5) を除去する．
ステップ8：ステップ7でとった対策（処置）の (7) を確認するとともに，関連する (8) および (3) の見直し・改訂を行う．

【選択肢】
ア．作業標準　　イ．責任・権限　　ウ．インプット　　エ．アウトプット
オ．再発　　　　カ．目標値　　　　キ．点検項目　　　ク．管理項目
ケ．役割・機能　コ．原因　　　　　サ．結果　　　　　シ．効果
ス．管理水準

問題5.3

標準化に関する次の文章において，□内に入るもっとも適切なものを下欄のそれぞれの選択肢からひとつ選び，その記号をマークせよ．ただし，各

選択肢を複数回用いることはない．

① 標準化は，効果的な組織運営を目的として， (1) 使用するための取決めを確立する活動である．標準化によって，関係する人々の間で利益などが公正に得られるように， (2) を図ることが重要である．

【 (1) (2) の選択肢】
ア．共通に，かつ繰り返して　　イ．統一・単純化　　ウ．多様・複雑化
エ．状況に応じ，そのたびに

② 標準化の目的として，以下のようなものがある．
　　 (3) ：製品などが別のものに置き換えて使用できること．
　　 (4) ：特定の条件下で，複数の製品などが相互に影響を及ぼすことなく，ともに使用できること．
　　 (5) ：大多数の必要性を満たすように，製品などのサイズ・形式を最適な数に選択すること．

【 (3) ～ (5) の選択肢】
ア．多様性の調整　　イ．互換性　　ウ．安全性　　エ．両立性

問題5.4

社内標準化に関する次の文章で，正しいものには○，正しくないものには×を選び，マークせよ．

① 社内標準の策定にあたっては，関連する国際規格や国家規格などとの整合を考慮する必要はない． (1)
② 社内標準化によって，個人の固有技術が会社共通のものとなり，それを皆が活用できるようになる． (2)

③ 社内標準化によって，品質の維持・改善につながるが，コストの低減にはつながらない． (3)

④ 社内標準化は，製造にかかわる業務だけでなく，社内のあらゆる業務について実施する必要がある． (4)

⑤ 製造の場で，工程ごと，あるいは製品ごとに必要な技術的事項を定めたものを QC 工程図(表)という． (5)

⑥ 主として組織や業務の内容・手順・手続き・方法に関する事項について定めたものを規格という． (6)

⑦ 社内標準は，作業者，その他関係者の教育・訓練の資料としても活用できる． (7)

問題5.5

規格(標準)に関する次の文章において，□内に入るもっとも適切なものを下欄のそれぞれの選択肢からひとつ選び，その記号をマークせよ．ただし，各選択肢を複数回用いることはない．

① わが国では，国家規格として (1) などが制定されている．規格(標準)には，他に (2) などの国際規格，欧州などに見られる (3) ，事業者団体が制定する (4) ，企業内で制定される社内標準がある．それぞれの規格の間には， (5) がとれていることが重要である．

【 (1) ～ (5) の選択肢】
ア．団体規格　　イ．互換性　　ウ．地域規格　　エ．JIS　　オ．整合性
カ．ISO　　キ．DIN　　ク．地方規格

② (1) とは，日本の (6) に関する国家規格のことである．日本の工業標準化制度は， (1) への適合性を評価して証明する (7) 制度および試験所登録制度の2本柱で運営されている．

【 (6)   (7) の選択肢】
ア．鉱工業品　　イ．JISマーク表示　　ウ．JIS適合　　エ．医薬品
オ．農林水産品

問題5.6

QCサークル活動に関する次の文章において、□内に入るもっとも適切なものを下欄の選択肢からひとつ選び、その記号をマークせよ．ただし、各選択肢を複数回用いることはない．

① "QCサークル"とは、「 (1) の職場で働く人々が、継続的に製品、サービス、仕事などの質の管理・改善を行う (2) 」である．この (2) は、「運営を (3) に行い、QCの考え方・手法などを活用し、創造性を発揮し、自己啓発・相互啓発をはかり」活動を進める．
② QCサークルは、1つのテーマ完了後も、次のテーマに挑戦して、活動を (4) することにより、メンバーの一人ひとりが能力を伸ばし、活力ある (5) 作りを達成することを目指している．
③ QCサークルを結成した場合、社内QCサークル (6) へQCサークル名およびメンバーを登録し、 (7) の活動として認めてもらわなければならない．
④ QCサークルの (8) は、自らQCの考え方・手法を学び、QCサークルの支援を行うとともに、QCサークル活動の (9) を行わなければならない．
⑤ QCサークル (6) は、QCサークル活動の推進に必要な (10) の計画と実施を行うとともに、 (8) がQCサークル活動へ適切な指導・助言ができるように教育の場を設けなければならない．

【選択肢】
ア．間接部門　　イ．教育　　ウ．職場　　エ．小グループ（小集団）

オ．大グループ　カ．個人的　キ．管理者　ク．職務的
ケ．企業内　　　コ．中断　　サ．動機づけ　シ．自主的
ス．推進事務局　セ．継続　　ソ．第一線

問題5.7

管理と改善に関する次の文章で正しいものには○，正しくないものには×を選び，マークせよ．

① 方針管理は，現状打破のために全社的に取り組む重点課題が主な対象であり，日常管理は，業務の小さな問題の解決を含めた現状維持が主な対象である． ____(1)____

② 企業トップの方針を受けた部門トップは，企業トップの方針を部門内に浸透させるために，具体化などの方針の解釈をせずに，トップ方針を部門内に伝達すればよい． ____(2)____

③ トップマネジメントによるQC診断は，問題点を指摘，解決の指示を行うのであって，よい点については触れなくてよい． ____(3)____

④ 方針管理で得られた改善・改革の結果は，その成果が維持できるように標準化され，日常管理に落とし込まなければならない． ____(4)____

⑤ 適切な日常管理の実施には，業務プロセスを明確にする必要がある．そのためには，標準化が有効な手段となる． ____(5)____

⑥ 日常管理は，業務を標準どおりに実施することが基本である．したがって，標準どおりに実施して問題が発生した場合にも，標準を見直すことなどはしない． ____(6)____

⑦ QCサークルは自主性を基本としているが，上司は無干渉，無関心で放任するのではなく，積極的に支援，助言を行うことが大切である． ____(7)____

⑧ QCサークルの会合時には，自分の意見を他のメンバーに理解してもらうため，他人の意見を抑え，強力に主張するのが望ましい． ____(8)____

⑨ QCサークルは自社の問題解決の場であるので，他社のQCサークルと交

流したり，社外で活動の成果を発表する必要はない． 　(9)

⑩　QCサークル活動は，製造現場での活動のみならず，事務部門，サービス業，医療などの分野に活動が広がっている． 　(10)

⑪　QCサークル推進事務局は，社内に結成されたQCサークルと各サークルの活動の成果を把握していればよい． 　(11)

第6章　データの取り方・まとめ方

問題6.1

データに関する次の文章において，□内に入るもっとも適切なものを下欄のそれぞれの選択肢からひとつ選び，その記号をマークせよ．ただし，各選択肢を複数回用いることはない．

① 品質管理でもっとも重視される考え方の一つに，「　(1)　管理する」という考え方がある．　(1)　管理するためには，まず　(2)　が必要となる．　(2)　は，そのままでは単なる数字や記号の集まりに過ぎない．　(2)　に基づいて正しい判断をするためには，製品や　(3)　，工程に関する　(4)　を　(2)　として適切に抽出し，解析する必要がある．

【　(1)　～　(4)　の選択肢】
ア．経験に基づいて　　イ．層別　　　　ウ．データ
エ．事実に基づいて　　オ．サービス　　カ．サンプリング
キ．品質情報　　　　　ク．顧客満足

② データをとる目的として，以下のようなものがある．

　(5)　：部品や製品の寸法のばらつきや機械の故障，労働災害件数，顧客クレームの件数などの実態を調査し，そのデータから原因を追究することを目的とする．

　(6)　：資材購入，部品受け入れや製品出荷時にとられるデータで，個々に品物を測定してその結果を規格と比べ，品質の良し悪しを判断することを目的とする．また，ロットからサンプリングしたサンプルから得られたデータによってロットの合格，不合格を判定することを目的とする．

　(7)　：工程の日々の変動を調べ，工程の安定状態を判断して異常があればその原因を追究して対策し，再発防止の処置をとることを目的とする．

第6章　データの取り方・まとめ方

【 (5) ～ (7) の選択肢】
ア．検査用　　イ．層別用　　ウ．管理用　　エ．解析用

問題6.2

母集団に関する次の文章において，□内に入るもっとも適切なものを下欄の選択肢からひとつ選び，その記号をマークせよ．ただし，各選択肢を複数回用いることはない．

　(1) とは，サンプルから得られたデータにより処置をとろうとする集団のことである．(2) 管理や (2) 解析のようにアクションの対象が (2) である場合は (3) 母集団と見なす．一方，抜取検査でアクションをとる対象が (4) の場合は (5) 母集団である．

【選択肢】
ア．ロット　　イ．有限　　ウ．サンプル　　エ．データ
オ．工程　　カ．無限　　キ．母集団　　ク．検査

問題6.3

サンプリングに関する次の文章において，□内に入るもっとも適切なものを下欄の選択肢からひとつ選び，その記号をマークせよ．ただし，各選択肢を複数回用いることはない．

　データをとるときは，まずデータをとる目的を明確にし，サンプルを採取する必要がある．1箱12個の部品で構成された100箱を母集団としてサンプリングするとき，

① 100箱×12個＝1200個から乱数表を用いてすべての部品からまんべんなく採取するサンプリング方法を (1) という．このサンプリング方法にお

いて，すべての部品に対してサンプルとして選ばれる (2) は同じである．

② 母集団から数箱をランダムにサンプリングし，続いて選ばれたそれぞれの箱からランダムに部品をサンプリングするとき，このサンプリング方法を (3) という．このとき，最初にサンプルとして選ばれた箱を (4) といい，各箱からサンプリングされた部品を (5) という．

③ 母集団からサンプルをとり，サンプルを測定したときには必ずばらつきが伴う．サンプリングのたびにとられるサンプルは異なり，このことにより生じる誤差は (6) という．(6) は，母集団内の (7) の違いを意味する．また，とられたサンプルを測定するときに生じる誤差を (8) という．

【選択肢】

ア．確率	イ．2段サンプリング	ウ．一括サンプリング
エ．2次サンプル	オ．ランダムサンプリング	カ．母集団
キ．頻度	ク．1次サンプル	ケ．測定誤差
コ．サンプル内	サ．サンプル間	シ．サンプリング誤差

問題6.4

データの種類に関する次の文章の内容は，計量値または計数値のどちらに関するものであるかを判定し，もっとも適切なものを下欄の選択肢からひとつ選び，その記号をマークせよ．ただし，各選択肢を複数回用いてもよい．

① ある工程で生産された製品の不適合品（不良品）の数　　(1)
② 製品の寸法の測定値　　(2)
③ 板ガラス1枚の中に発見された気泡の数　　(3)
④ 1カ月当たりの事務処理ミス件数　　(4)
⑤ 倉庫から製造工程までの部品の運搬時間　　(5)
⑥ 1日に生産された製品の不適合品率（不良率）　　(6)
⑦ 投入原料に対する製品重量化率（収率）　　(7)

【選択肢】

ア．計量値　　イ．計数値

問題6.5

次のデータは，母集団からサンプリングされたものである．このデータの基本統計量を求め，　　　　　内に入るもっとも適切なものを下欄の選択肢からひとつ選び，その記号をマークせよ．ただし，各選択肢を複数回用いることはない．

データ：8, 1, 7, 3, 2

① 平均値　　　　　　　　　　　　　　　　　(1)
② メディアン　　　　　　　　　　　　　　　(2)
③ 平方和　　　　　　　　　　　　　　　　　(3)
④ 分散　　　　　　　　　　　　　　　　　　(4)
⑤ 標準偏差　　　　　　　　　　　　　　　　(5)
⑥ 範囲　　　　　　　　　　　　　　　　　　(6)

【選択肢】

ア．3　　イ．8.55　　ウ．4.2　　エ．3.11　　オ．9.70　　カ．0.24
キ．51.3　　ク．7　　ケ．2.00　　コ．2.77　　サ．38.80

問題6.6

表 6.1 は，線材の切断工程における切断後の部品寸法をまとめたものである．表 6.1 の度数表から，次の統計量を求め，　　　　　内に入るもっとも適切なものを下欄の選択肢からひとつ選び，その記号をマークせよ．ただし，各選択肢を複数回用いることはない．

表 6.1 度数表

No.	区間	中心値	度数(f)	u	fu	fu^2
1	120.5〜122.5	121.5	2	−4	−8	32
2	122.5〜124.5	123.5	5	−3	−15	45
3	124.5〜126.5	125.5	10	−2	−20	40
4	126.5〜128.5	127.5	18	−1	−18	18
5	128.5〜130.5	129.5	30	0	0	0
6	130.5〜132.5	131.5	19	1	19	19
7	132.5〜134.5	133.5	9	2	18	36
8	134.5〜136.5	135.5	6	3	18	54
9	136.5〜138.5	137.5	1	4	4	16
	計		100		−2	260

① 平均値　　　　　　　　　　　　　　　　　(1)
② 平方和　　　　　　　　　　　　　　　　　(2)
③ 分散　　　　　　　　　　　　　　　　　　(3)
④ 標準偏差　　　　　　　　　　　　　　　　(4)

【選択肢】

ア．1039.84　　イ．120.0　　ウ．4.8　　エ．3.24　　オ．33.14
カ．129.46　　キ．10.50　　ク．8.0　　ケ．0.977　　コ．1.000
サ．1.330

問題6.7

基本統計量に関する次の文章において，□□□内に入るもっとも適切なものを下欄の選択肢からひとつ選び，その記号をマークせよ．ただし，各選択肢を複数回用いることはない．

データ：100，20，70，30，20

上記のデータから平均値，標準偏差，変動係数を求めよ．

① 平均値　　　　　　　　　　　　　　　　(1)
② 標準偏差　　　　　　　　　　　　　　　(2)
③ 変動係数(％)　　　　　　　　　　　　　(3)

【選択肢】

ア．106　　イ．240　　ウ．74.2　　エ．100　　オ．35.6　　カ．5080.00
キ．35.0　　ク．50　　ケ．48.0

第7章　QC七つ道具

問題7.1

QC七つ道具に関する次の文章において，　　　　内に入るもっとも適切なものを下欄の選択肢からひとつ選び，その記号をマークせよ．ただし，各選択肢を複数回用いることはない．

① QC的問題解決法においてよく用いられる道具で，特性と要因の関係を体系的にまとめた図は，　(1)　である．

② 現状把握の際によく用いられ，データを不適合項目別や原因別などに分類して，出現頻度の大きい順に並べるとともに，累積比率を折れ線で結んだ図である．改善効果の確認の際にも，改善前と改善後を比較するために用いられる．この道具は，　(2)　である．

③ 連続量である2つの特性について，対になった2組のデータをとり，横軸と縦軸に打点し，2つの特性の関係を調べる道具は，　(3)　である．

④ データを視覚的に表し，データの量的変化や時間的推移，全体の中の個々の項目の割合や内訳を把握するために使われる道具は，　(4)　である．

⑤ 母集団をいくつかの特徴や共通点から分類し，分類した結果から，問題解決へつなげるための道具は，　(5)　である．

⑥ データの存在する範囲について，いくつかの区間に分け，規格に対してどうかや，分布の形，ばらつきや中心位置をつかむ道具は，　(6)　である．

⑦ 製品や部品などを図示するなど，不適合の箇所や欠点の場所，作業記録などが簡単にマークできるように工夫された道具は，　(7)　である．

【選択肢】

ア．グラフ　　　　イ．チェックシート　　ウ．特性要因図　　エ．層別
オ．パレート図　　カ．散布図　　　　　　キ．ヒストグラム

問題7.2

QC七つ道具に関する次の文章で，正しいものには○，正しくないものには×を選び，マークせよ．

① 特性要因図は，特性と要因との関係について，自分が取り上げた問題に対して，自分の考えのみを書けばよい． 　(1)

② パレート図では，不適合件数または損失金額について，累積比率がおおよそ70〜80％程度までの項目に対して，対策を考えていく． 　(2)

③ チェックシートは，最終点検のための確認用のみであり，通常，工程内で使われることはない． 　(3)

④ 折れ線グラフは，時系列の動向・変化を判断しやすく，円グラフは，全体の各項目の割合がつかめる． 　(4)

⑤ 原料と最終生成物の関係を知りたいときは，原料に関する測定値を縦軸とし，最終生成物に関する測定値を横軸とする散布図を作成すればよい． 　(5)

⑥ ある材料の強度のデータが，1つの山で左右対称の分布に従っているかどうかを確かめるためには，ヒストグラムを作成するとよい． 　(6)

⑦ 製造工程では，固有技術は考慮せずに，データだけを見て，層別をするべきである． 　(7)

問題7.3

パレート図に関する次の文章において，☐☐☐☐内に入るもっとも適切なものを下欄の選択肢からひとつ選び，その記号をマークせよ．ただし，各選択肢を複数回用いることはない．

① パレート図は，重要問題を明らかにして，その重要な問題から分析を進めていくという 　(1) 　の考え方を実行するために役立つ手法である．

② パレート図は,「不適合件数や損失金額の (2) は,多くの項目のうちのごくわずかの項目によって占められる」という考え方が基本となっている.この考えはパレートの法則と呼ばれている.
③ ②のことは,問題となる項目は,数は多いが (3) の小さい項目(trivial many)と少数であるが (3) の大きい項目(vital few)に分類されることを意味している.問題解決のテーマ選定では,後者に相当する項目を取り上げることが効果的である.
④   (4) は,このパレートの考え方を応用し,横軸に不適合項目などを不適合件数の大きさの順に並べ,縦軸に不適合件数および累積比率(%)をとったグラフをパレート図と呼んだ.
⑤ パレート図を描いた際,「その他」の項目が (5) に来るようなら,「その他」の区分の仕方や,分類項目の構成を見直す必要がある.

【選択肢】
ア.利益　　　イ.デミング　　ウ.顧客指向　　エ.影響　　オ.大部分
カ.重点指向　キ.下位　　　　ク.少ない　　　ケ.ジュラン
コ.上位

問題7.4

次のデータ表(表7.1)は,ある成形部品の不適合項目について3カ月間のデータをとり,まとめたものである.この表および,この表から作られた図7.1のパレート図に関する次の文章において, 　　　 内に入るもっとも適切なものを下欄の選択肢からひとつ選び,その記号をマークせよ.ただし,各選択肢を複数回用いることはない.

① データの採取期間は,図7.1では4/1から6/30までの3カ月である.一般的に (1) の期間とするのがよい.
② データを内容や項目別に分類し,不適合件数の大きい順に並べ,「その他」

の項目は (2) におく．分類項目ごとの累積件数，比率，累積比率を計算し，**表 7.1** のデータ表を作成する．

表 7.1　データ表

不適合項目	不適合件数	累積不適合件数	比率(%)	累積比率(%)
ワレ	276	276	31.3%	31.3%
カケ	240	516	27.2%	58.5%
研ぎ目	180	696	20.4%	79.0%
形状変形	75	771	8.5%	87.4%
打ちキズ	50	821	5.7%	93.1%
キズ	30	851	3.4%	96.5%
ヘコミ	20	871	2.3%	98.8%
その他	11	882	1.2%	100.0%
合計	882		100.0%	

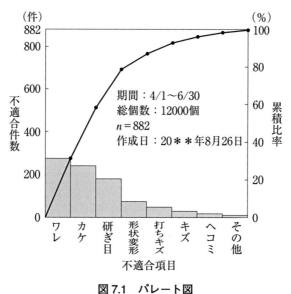

図 7.1　パレート図

③ **表7.1** のデータ表の比率は，$\left(\dfrac{\boxed{(3)}}{\text{不適合件数合計}}\right) \times 100$ で求め，累積比率は，$\left(\dfrac{\boxed{(4)}}{\text{不適合件数合計}}\right) \times 100$ で求める．

④ **表7.1** の不適合件数の大きい項目から順に左から $\boxed{(5)}$ を作成する．なお，左縦軸は不適合件数である．

⑤ **表7.1** の累積比率に合わせて，$\boxed{(6)}$ を作成する．なお，右縦軸は累積比率である．最後に必要事項として，データ採取期間，データの総数などを記入する．

【選択肢】

ア．最初　　　　　　イ．1カ月厳守　　　　　ウ．1～3カ月程度
エ．最後　　　　　　オ．自由にデータ数に合わせ　カ．累積不適合件数
キ．6カ月厳守　　　　ク．不適合件数　　　　　ケ．円グラフ
コ．折れ線グラフ　　　サ．帯グラフ　　　　　　シ．棒グラフ

問題7.5

特性要因図に関する次の文章において，□□内に入るもっとも適切なものを下欄の選択肢からひとつ選び，その記号をマークせよ．ただし，各選択肢を複数回用いることはない．

① 多数の関係者の経験や $\boxed{(1)}$ を集めて作られた特性要因図は，品質管理を効果的に進めるために必要な道具である．

② 特性要因図を作成した後では，着目した要因の $\boxed{(2)}$ を上げたり，下げたりした場合，特性値に影響を及ぼすか否かを検討し，問題の真の原因を明らかにし，対策を立てていくことが大切である．

③ 不適合品などの不具合が発生したときに，その原因について，$\boxed{(3)}$ などの方法で多くの意見を出し合い，特性要因図に整理する必要がある．

④ 特性要因図では，具体的なアクションをとれる要因まで □(4)□ すること が必要である．
⑤ 不適合の発生などの問題が生じた際には，必ず特性要因図に戻り，□(5)□ の特定につなげることが重要である．

【選択肢】
ア．展開　　　　　イ．ブレーン・ストーミング　　ウ．勘　　　エ．現象
オ．アナロジー　　カ．特性　　　　　　　　　　　キ．水準　　ク．知識
ケ．要約　　　　　コ．要因

問題7.6

特性要因図に関する次の文章において，□　　□内に入るもっとも適切なものを下欄の選択肢からひとつ選び，その記号をマークせよ．ただし，各選択肢を複数回用いることはない．

① 図7.2は，「ベルトの強度不足」について，大骨を □(1)□ として，A氏が特性要因図として最初に描いたものである．これをもとに，関係者から意見を集め，改訂を重ねて，完成させることを目的とし，改善活動につなげることを考えている．
② 特性要因図を作成するときは，最初に品質特性を決める．品質特性を表す表現は，特性名にするか，結果の □(2)□ を表す表現にする必要がある．
③ 特性要因図を作ることは，原因と □(3)□ の因果関係を体系的に整理することになるので，作成することにより現状が把握できる．
④ 特性の例としては，□(4)□，原価，能率，安全，モラルなどに関する特性が多く，仕事の結果として表すものが多い．
⑤ ブレーン・ストーミングなどによって描かれた特性要因図では，要因の □(5)□ が必要である．これは，要因解析や対策の際の優先順位を決める手がかりとなるため，多数のメンバーの参加により，意見を求め，重みづけを

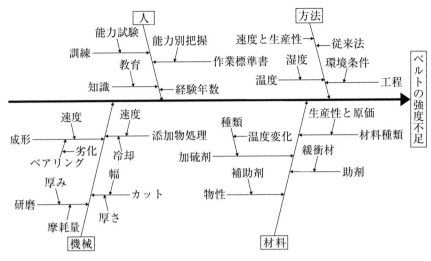

図7.2　ベルトの強度不足の特性要因図

することが重要である.

【選択肢】
ア．5M　　　イ．よさ　　　ウ．要因　　　エ．4M　　　オ．悪さ
カ．重みづけ　キ．情報　　　ク．かたより　ケ．品質　　　コ．結果

問題7.7

チェックシートに関する次の文章において，□□□内に入るもっとも適切なものを下欄の選択肢からひとつ選び，その記号をマークせよ．ただし，各選択肢を複数回用いることはない．

① チェックシートには，大きく分けて調査用と　(1)　のチェックシートがある．
② 調査用チェックシートは，　(2)　の状態や不適合，不適合項目がどこに，どれだけ発生しているかなどを調査する．

③ **表 7.2** は，ある企業でのコピー機のミスをチェックするために作られた不適合項目調査用チェックシートである．

チェックシートより，曜日別では，月曜日，金曜日，火曜日，水曜日，木曜日の順で不適合件数が多く発生しており，曜日別の違いについて原因を探る必要がある．また，不適合項目別でエラーが一番多いのは，　(3)　で，次いで両面コピーの紙詰まりの順である．これらがなぜ発生するのか，原因を追究する必要がある．

④ チェックシートから曜日別，不適合項目別の　(4)　を作ることができる．このように，チェックシートは，曜日別，不適合項目別をはじめ，機械別など，　(5)　の考え方に基づいた構成になっている．

【選択肢】
ア．ヒストグラム　　イ．パレート図　　　　　　ウ．工程用
エ．点検用　　　　　オ．スキャンエラー　　　　カ．散布図
キ．分布　　　　　　ク．ネットワーク転送エラー　ケ．重点指向
コ．顧客指向　　　　サ．層別

表 7.2　コピーエラーの不適合項目調査用チェックシート

期間：6/1～8/31

不適合項目＼曜日	月曜日	火曜日	水曜日	木曜日	金曜日	計
両面コピーの紙詰まり	//// /	////	//		//// ////	21
冊子コピーの紙詰まり		///		//// /		9
位置ずれ						0
スキャンエラー	//// ////		////		//// ////	23
濃すぎ						0
薄すぎ	///	//// //		//		12
コピー汚れ	//		//// ////			12
ネットワーク転送エラー	//// ////	////			////	19
計	30	19	16	8	23	96

問題7.8

チェックシートの種類の説明に関する次の文章において，□内に入るもっとも適切なものを下欄の選択肢からひとつ選び，その記号をマークせよ．ただし，各選択肢を複数回用いることはない．

① 不適合品の発生状況を要因別に分類しているチェックシートは，□(1)□調査用チェックシートである．
② 点検・確認項目を漏れなくチェックするためのチェックシートは，□(2)□用チェックシートである．
③ 製品の図を用意しておき，これに欠点(不適合)の位置をチェックしていくもので，欠点の発生箇所を調べるときに使うチェックシートは，□(3)□調査用チェックシートである．
④ どんな不適合項目が多く発生しているかを調べるチェックシートは，□(4)□調査用チェックシートである．
⑤ 特性値に関して分布の形，中心位置，ばらつき具合など，分布の状況を知りたいときに使うチェックシートは，□(5)□調査用チェックシートである．

【選択肢】
ア．度数分布　　イ．点検・確認　　ウ．不適合項目　　エ．欠点位置
オ．不適合要因

問題7.9

ヒストグラムに関する次の用語において，**図7.3**の□内に入るもっとも適切なものを下欄の選択肢からひとつ選び，その記号をマークせよ．ただし，各選択肢を複数回用いることはない．

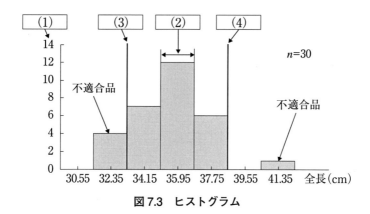

図7.3 ヒストグラム

【選択肢】
ア．平均値　　イ．規格上限　　ウ．級　　エ．級の幅　　オ．級の数
カ．規格下限　　キ．度数

問題7.10

ヒストグラムに関する次の文章において，□内に入るもっとも適切なものを下欄の選択肢からひとつ選び，その記号をマークせよ．ただし，各選択肢を複数回用いることはない．

① 表7.3のデータからヒストグラムを作成する．最大値は (1) ，最小値は (2) なので，範囲は (3) となる．
② 仮の級の数は，データ数の平方根に一番近い整数とすると， (4) となる．測定単位は0.1だから，測定単位の整数倍に丸めた級の幅は， (5) となる．一番下(第1)の級の下限値は， (6) となる．

【選択肢】
ア．32.45　　イ．39.7　　ウ．30.55　　エ．5　　オ．30.6　　カ．8.0
キ．9.1　　ク．37.7　　ケ．1.8

表 7.3 電動ドライバーのトルクデータ（単位：kgf）

管理番号	1	2	3	4	5	6	7	8	9	10
測定値	35.6	33.8	31.2	33.7	34.9	36.7	30.6	35.6	33.6	32.5
管理番号	11	12	13	14	15	16	17	18	19	20
測定値	36.9	32.3	33.8	39.7	35.7	32.0	35.0	34.8	35.0	36.6
管理番号	21	22	23	24	25	26	27	28	29	30
測定値	36.6	34.5	32.8	34.2	37.7	33.1	35.8	34.4	36.1	34.8

問題7.11

次のそれぞれの状況で各100個ずつの計量値データをとり，ヒストグラムを描いた（図7.4）．各状況のヒストグラムとして，もっとも適切なものを下欄の選択肢からひとつ選び，その記号をマークせよ．ただし，各選択肢を複数回用いることはない．

① 機械加工工程で，温度により変動する部品を加工している．温度の低い時間帯に加工したため，下側に大きく外れたデータが12個出た．　(1)

② あるボルト製造工程で，異物が混入し締付けトルクが大きくなった．ボルトを簡易選別し，合格した70個だけのデータでヒストグラムを描いた．
　(2)

③ ある工程で，品質特性のねらい値が異なる品種が30個混ざって，100個のロットになった．検査データには明らかな違いがある．　(3)

④ ある工程では，管理図で見る限り安定状態であり，分布の中心は規格幅のほぼ中央にある．　(4)

⑤ ヒストグラムを描くとき，級の幅の計算を間違えて，級の幅を小さく設定した．　(5)

⑥ 平均値，ばらつきが異なる3つのラインの部品が混在してしまった．

(6)

【選択肢】

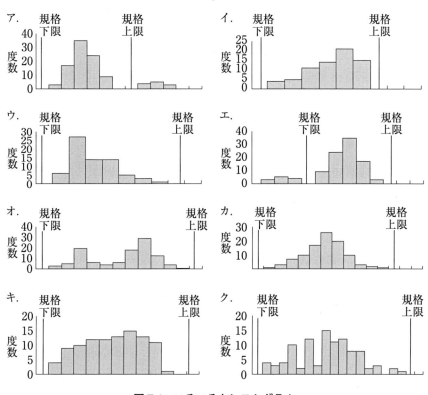

図7.4 いろいろなヒストグラム

問題7.12

ヒストグラムに関する次の文章において，☐内に入るもっとも適切なものを下欄の選択肢からひとつ選び，その記号をマークせよ．ただし，各選択肢を複数回用いることはない．

① 3つのラインで生産する部品の重量は，Aラインで母平均値100g，母標準偏差5g，Bラインで母平均値110g，母標準偏差4g，Cラインで母平均値105g，母標準偏差10gであることがわかっている（**図7.5〜図7.7**）．各ラインからランダムに100個ずつ抜き取り，合計300個を測定したときのヒストグラム（**図7.8**）は，やや (1) に近い形になる．

② 規格下限を85g，規格上限115gとすると，不適合品が発生しているのはCラインと (2) ラインである．Cラインでは (3) に問題があり，(2) ラインでは (4) に問題があると考えられる．

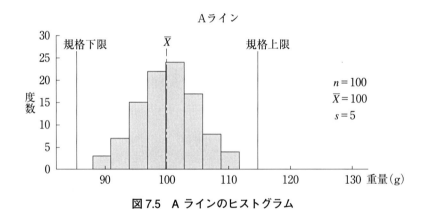

図7.5　Aラインのヒストグラム

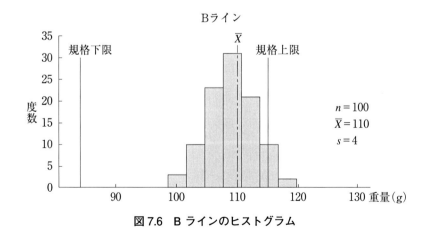

図7.6　Bラインのヒストグラム

【選択肢】
ア．A　　　　　イ．B　　　　　ウ．C　　　　　エ．三山形
オ．ふた山形　　カ．離れ小島形　キ．一般形　　　ク．平均値
ケ．標準偏差

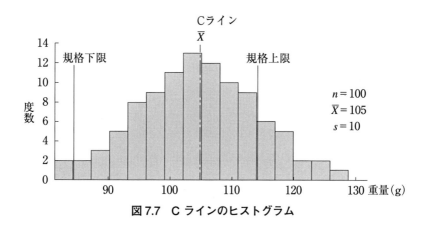

図7.7　C ラインのヒストグラム

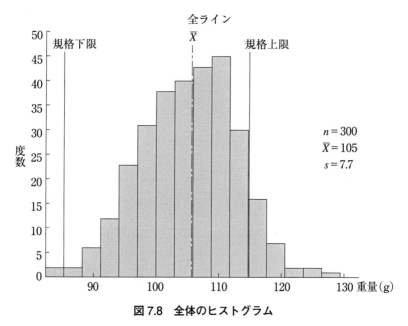

図7.8　全体のヒストグラム

問題7.13

散布図(**図7.9**)に関する次の文章において，□内に入るもっとも適切なものを下欄の選択肢からひとつ選び，その記号をマークせよ．ただし，各選択肢を複数回用いることはない．

① A店では，来客数が伸びると，売上高が上がる．来客数と売上高の散布図はどれか． (1)

② 化学薬品Bの反応温度と収率の関係は，ある値にピークがあるようだ．反応温度と収率の散布図はどれか． (2)

③ 気温が上がるほど，喫茶店Cのホットコーヒーの売上高は落ちるようだ．気温とホットコーヒーの売上高の散布図はどれか． (3)

④ スーパーDのチラシは配布する枚数を多くするほど，来客数は増える．また，チラシに高級和牛の特売品を掲載したときは極端に来客数が増える．チラシの枚数と来店数の散布図はどれか． (4)

⑤ コンビニEのおでんの売上高は冬が圧倒的に多い．気温とおでんの売上高の散布図はどれか． (5)

⑥ F大学の学生の身長と数学の得点を調査したところ，ほとんど関係がないことがわかった．身長と数学の得点の散布図はどれか． (6)

【選択肢】

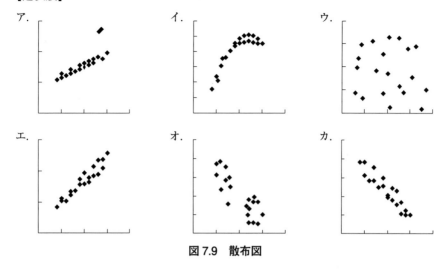

図 7.9　散布図

問題7.14

散布図に関する次の文章で，正しいものには○，正しくないものには×を選び，マークせよ．

① A，B 2 つのラインから，20 個ずつの部品を取り出し，それぞれ重量の小さい方から大きい方へ順に並べ，順位をつけ，横軸にAライン，縦軸にBラインの順位 1 から 20 までの部品の重量を散布図にしたところ，**図 7.10** になった．**図 7.10** より，部品の重量の間に正の相関がある． 　(1)

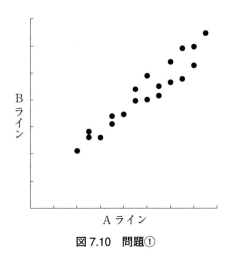

図 7.10 問題①

② 20個のある部品の特性 x, y について，対になったデータを用いて散布図を作成したところ，**図 7.11** になった．このまま相関分析を行ってもよい．

(2)

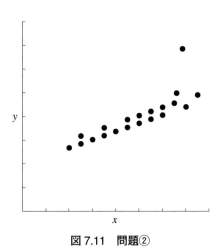

図 7.11 問題②

③ 2つの母集団 A, B からとった 20 個ずつのサンプルの特性 x, y について散布図を作成すると**図 7.12** になった．各母集団 A, B ごとに散布図を描きなおして解析することにした．

(3)

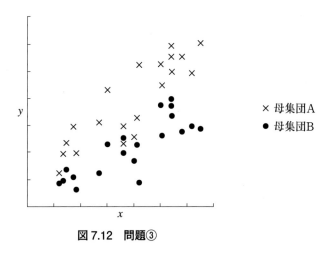

図 7.12　問題③

④ 20 個のある部品の特性 x, y について散布図を作成したところ，**図 7.13** になった．特性 x から y を予測したかったので一次の回帰式を求めた．

(4)

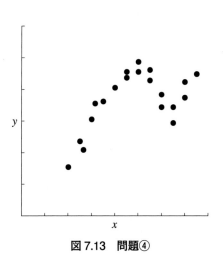

図 7.13　問題④

⑤ 20個の部品の特性 x, y について，散布図を作成したところ，図 7.14 になった．特性 x, y について負の相関があると判断した．　　(5)

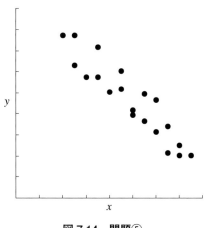

図 7.14　問題⑤

問題7.15

グラフに関する次の文章において，□□□内に入るもっとも適切なものを下欄の選択肢からひとつ選び，その記号をマークせよ．ただし，各選択肢を複数回用いることはない．

① グラフとは，データを図の形に表して，数量や割合の大きさを比較し，数量の変化する状態を　(1)　にわかりやすくする目的で作成されるものである．

② グラフの利点は，以下の3点である．
- ひと目で見て，　(2)　に理解できる．
- データの対比(去年と今年，日本と米国など)ができる．
- 見る人が理解しやすく，興味をもってもらえる．

③ 内訳の構成比率を表す．その際，2つ以上のグラフを描いた場合，グラフ間の対応した内訳の境界を線で結び，比較ができるのは，　(3)　である．

④ 時間を横軸にとり，実施計画段階ごとに，計画および実績を表すのは，　(4)　である．
⑤ 複数の項目によって評価した場合，その被評価物の評価結果の特徴を表すのに適しているのは，　(5)　である．
⑥ 数量の時間的な変化の推移を表すのは，　(6)　である．
⑦ 各分類項目の占める割合を，その割合に応じた広さに区切った面積で表したもので，内訳の構成比率を知ることができるものは，　(7)　である．
⑧ 数量の大きさを長さで比較するグラフは，　(8)　である．

【選択肢】
ア．棒グラフ　　　イ．直感的　　　　　ウ．視覚的　　　　エ．折れ線グラフ
オ．帯グラフ　　　カ．レーダーチャート　キ．円グラフ
ク．ガントチャート

問題7.16

帯グラフの説明に関する次の文章において，　　　　内に入るもっとも適切なものを下欄の選択肢からひとつ選び，その記号をマークせよ．ただし，各選択肢を複数回用いることはない．

Q社では，ある製品の不適合品の発生状況を3カ月間調査した．不適合項目には，A，B，D があり，A，B，D 以外のものを「その他」とした．その後，不適合品の改善活動を行い，結果として全体の件数は半分に減少した．しかし，改善後，「その他」にもなかった不適合項目 C が出現した．

そこで，A，B，C，D，「その他」の各不適合項目の割合はどう変化しているのかについて，図7.15のように改善前と改善後のデータを帯グラフに表した．

① 改善後件数の割合が，半分になった項目は，　(1)　である．
② 改善後件数の割合が，増加した項目は，　(2)　である．

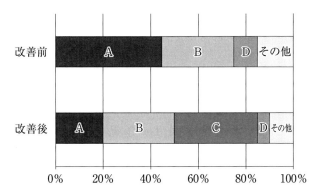

図 7.15　ある製品の不適合件数の割合の改善前と改善後の帯グラフ

③　改善後件数の割合が，変化がない項目は，　(3)　である．
④　改善後件数の割合が，もっとも減少した項目は，　(4)　である．
⑤　改善後件数の割合が，改善前の D と同じ項目は，　(5)　である．

【選択肢】

ア．A　　イ．B　　ウ．C　　エ．D　　オ．その他

第8章　新QC七つ道具

問題8.1

　新 QC 七つ道具に関する次の文章において，□□□内に入るもっとも適切なものを下欄の選択肢からひとつ選び，その記号をマークせよ．ただし，各選択肢を複数回用いることはない．

　新 QC 七つ道具とは，問題解決や課題達成を実行するときに，　(1)　データを収集し，その　(1)　データを図や表を用いて，言葉のもつ意味に発展させたり，統合したりすることにより，問題解決や課題達成に有効な　(2)　を論理的に整理する手法である．新 QC 七つ道具は，新製品開発における　(3)　の把握，要求品質の展開，　(4)　の解決などによく用いられる手法である．

【選択肢】
ア．数値　　　イ．解析　　　ウ．情報　　　エ．ネック技術
オ．言語　　　カ．生産活動　　キ．顧客ニーズ　ク．顧客満足

問題8.2

　新 QC 七つ道具に関する次の文章において，□□□内に入るもっとも適切なものを下欄の選択肢からひとつ選び，その記号をマークせよ．ただし，各選択肢を複数回用いることはない．

　新 QC 七つ道具として構成されている手法は，以下の7つの手法である．
① 　(1)　とは，漠然とした大量の言語データに対して，これら言語データ間のつながり（類似）に基づいて統合することにより，いくつかの集団にまとめ，親和性を整理し，全体像を明らかにしていく手法である．

② (2) とは，図の中央に解決すべき問題点を置き，その周辺に1次原因，2次原因と展開していき，因果関係を矢線で表示し，原因と結果（目的と手段）の関係を整理する手法である．

③ (3) とは，目的を達成するための手段の体系を枝分かれ構造で表現し，手段の論理構造を1次，2次，3次と具体的に展開する手法である．

④ (4) とは，問題にとって着目すべき事象や要素を行の項目と列の項目に配置し，要素と要素の交点で互いの関連の有無や関連の度合いを図示し，問題の構造を明らかにする手法である．

⑤ (5) とは，問題を解決していくプロセスにおいて，不確定要素が多く存在する場合，どのような事態になっても目標達成が可能となるように，予見やリスクを情報として，成功のパターンをあらかじめ明らかにしておく手法である．

⑥ (6) とは，プロジェクトや複雑な工程を進めていくための進捗管理を確実に行うために，必要な手順を矢線と結合点で表し，最適な日程計画の順守を確実にする手法である．

⑦ (7) とは，新QC七つ道具のなかで唯一，数値データの解析手法である．多次元の数値データについて変数間の相関を利用して，少変数の次元に縮小し，複雑な事象をよりわかりやすくする手法である．

【選択肢】

ア．ヒストグラム　　　　　イ．PDPC法　　　　　　ウ．連関図法
エ．検定・推定　　　　　　オ．系統図法　　　　　　カ．無限母集団
キ．母集団　　　　　　　　ク．マトリックス図法　　ケ．親和図法
コ．アローダイアグラム法　サ．散布図　　　　　　　シ．管理図
ス．マトリックス・データ解析法

問題8.3

連関図法に関する次の文章において，　　　内に入るもっとも適切なものを下欄の選択肢からひとつ選び，その記号をマークせよ．ただし，各選択肢を複数回用いることはない．

連関図法は，問題の構造を明らかにし，　(1)　間の　(2)　を整理するときに有用な手法である．一般的な連関図の作成手順を下記に示す．

① 手順1　問題を顕在化し，テーマを決める．
② 手順2　テーマに関係する原因をカードに記述する．
③ 手順3　原因カードを整理して，　(3)　を抽出する．
④ 手順4　1次原因の次に来る2次原因，3次原因を抽出する．
⑤ 手順5　手順4で抽出した原因間で　(2)　の存在を追究する．
⑥ 手順6　　(2)　の整理をすることで，主原因を　(4)　，原因間の全体像を整理する．

【選択肢】
ア．解決策　　　イ．1次原因　　ウ．因果関係　　エ．2次サンプル
オ．原因　　　　カ．全員　　　　キ．勘と経験　　ク．絞り込み

第9章　統計的方法の基礎

問題9.1

正規分布に関する次の文章において，□内に入るもっとも適切なものを下欄の選択肢からひとつ選び，その記号をマークせよ．ただし，各選択肢を複数回用いることはない．

① 計量値として得られるデータ x の母集団分布において，分布の形は (1) で中心付近の度数が多く，中心から離れるほど度数が少なくなるという分布を示すことが多い．図 9.1 のような分布を正規分布という．

② 正規分布の確率密度関数は，$f(x) = \dfrac{1}{\sqrt{2\pi}\sigma} e^{-\frac{(x-\mu)^2}{2\sigma^2}}$ であり，μ と σ は (2) であり，この2つの値によって分布の形は決まる．この分布を $N(\mu,\ \sigma^2)$ と表す．

③ μ と σ の値が変わることにより，分布の形はさまざまとなる．確率変数 x が $N(\mu,\ \sigma^2)$ の正規分布に従うとき，式 (3) により x を変換して u とすると，u は $N(0,\ 1^2)$ の標準正規分布に従う．この変換のことを (4) という．

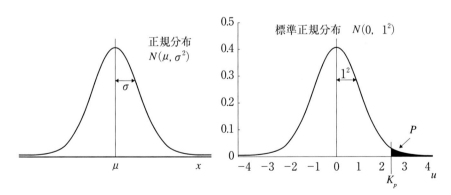

図 9.1　正規分布　　　　図 9.2　標準正規分布

④ 標準正規分布を図 9.2 に示す．付表の正規分布表（Ⅰ）から，$K_p = 1.96$ のとき P は ⬜(5)⬜ であり，$K_p = 2.00$ のとき P は ⬜(6)⬜ である．また正規分布表（Ⅱ）から，$P = 0.05$ のとき K_p は ⬜(7)⬜ であり，$P = 0.10$ のとき，K_p は ⬜(8)⬜ である．

⑤ 確率変数 x が $N(50, 2^2)$ の正規分布に従うとき，次の確率は，
$$P_r(x \geq 52) = \boxed{(9)} , \quad P_r(x \geq 56) = \boxed{(10)}$$
である．

【選択肢】

ア．標準化　　イ．統計量　　ウ．左右対称　　エ．0.0228　　オ．0.0013

カ．平均化　　キ．$u = \dfrac{x - \mu}{\sigma}$　　ク．母数　　ケ．平均値　　コ．$u = \dfrac{x + \mu}{\sigma}$

サ．$u = \dfrac{x - \mu}{\sigma^2}$　　シ．0.0250　　ス．0.1587　　セ．1.282　　ソ．1.645

問題9.2

二項分布に関する次の文章において，⬜ 内に入るもっとも適切なものを下欄の選択肢からひとつ選び，その記号をマークせよ．ただし，各選択肢を複数回用いることはない．

① 無限母集団からランダムに n 個のサンプリングを行い，その中に含まれる不適合品の個数を x とする．x は ⬜(1)⬜ であり，0，1，2 … n の値のいずれかをとる．このとき，x は二項分布に従い，その確率分布は次の式により与えられる．

$$P_x = {}_nC_x P^x (1-P)^{n-x} \quad (x = 0, 1, \cdots, n)$$

P は母不適合品率（母集団の不適合品率）である．また，${}_nC_x$ は n 個のうち異なる x 個とってできる組合せの ⬜(2)⬜ を表し，次の式により求められる．

$$_nC_x = \frac{n!}{x!(n-x)!}$$

ただし，$n! = n \times (n-1) \cdots 3 \times 2 \times 1$，$0! = 1$ である．

② 母不適合品率 $P = 0.30$ の工程から，サンプルを4個抜き取ったとき，サンプルの中に不適合品が2個現れる確率を①の式から求めると，　(3)　となる．

③ 二項分布は，$nP \geqq 5$ かつ $n(1-P) \geqq 5$ のとき，　(4)　に近似できる．

【選択肢】

ア．一部　　　　イ．総数　　　　　　ウ．確率変数　　　エ．0.530

オ．0.265　　　カ．確率密度関数　　キ．正規分布　　　ク．ポアソン分布

第10章 管理図

問題10.1

$\bar{X}-R$ 管理図に関する次の文章において，□内に入るもっとも適切なものを下欄の選択肢からひとつ選び，その記号をマークせよ．ただし，各選択肢を複数回用いることはない．

① 表 10.1 において，群番号 No.2 の範囲 R は (1) であり，No.25 の平均値 $\bar{X}$ は (2) である．
② 総平均値 $\bar{\bar{X}}=7.45$，範囲の平均値 $\bar{R}=0.61$ とすると，表 10.2 より，$\bar{X}$ の上側管理限界（UCL）は (3) であり，下側管理限界（LCL）は (4) である．同様に $\bar{R}$ の上側管理限界（UCL）は (5) であり，下側管理限界（LCL）は (6) である．

表 10.1　ある部品の重量(g)に関する $\bar{X}-R$ 管理図用データ

No.	X_1	X_2	X_3	X_4	X_5	$\bar{X}$	R
1	7.9	7.3	7.5	7.6	7.6	7.58	0.60
2	7.4	7.5	7.5	7.6	7.6	7.52	(1)
25	7.3	7.4	7.3	7.3	7.9	(2)	0.60

$\bar{\bar{X}}=7.45$　$\bar{R}=0.61$

表 10.2　$\bar{X}-R$ 管理図用係数表

n	A_2	D_3	D_4
2	1.880	−	3.267
3	1.023	−	2.575
4	0.729	−	2.282
5	0.577	−	2.115

【選択肢】
ア．7.80　　イ．7.44　　ウ．0.20　　エ．1.29　　オ．示されない
カ．7.30　　キ．7.10

問題10.2

管理図に関する次の文章において，□内に入るもっとも適切なものを下欄の選択肢（**図10.1**）からひとつ選び，その記号をマークせよ．ただし，各選択肢を複数回用いることはない．

① 温度などの影響を受ける工程で，工程の管理項目の特性値が一定の周期で，上下動を繰り返している状態を表す管理図は　(1)　である．
② 工程の設備が，部品の摩耗などの影響を受け，工程の管理項目の特性値が上昇傾向を示した管理図は　(2)　である．
③ 工程の4Mの状態は安定しており，良好な管理状態が維持されている状態を示す管理図は　(3)　である．
④ 工程の材料が安定せず，その影響で管理項目の特性値が管理限界付近になっている状態を示す管理図は　(4)　である．
⑤ 一見，工程が安定しているように見える管理図である．しかし，群内変動は大きく，2直体制で生産しているが，直ごとの工程平均が異なる状態を示す管理図は　(5)　である．

【選択肢】

ア.

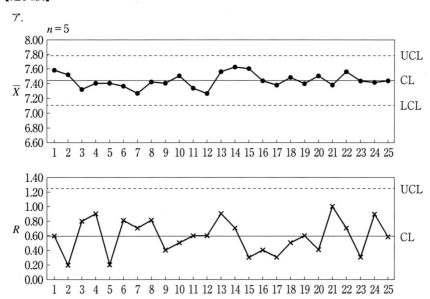

イ.

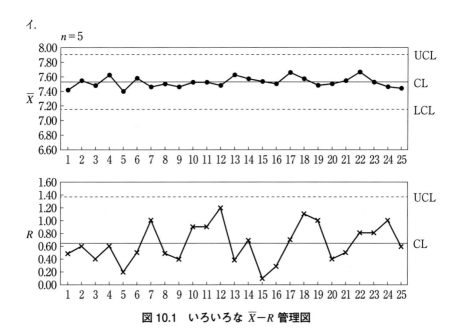

図 10.1　いろいろな $\bar{X}-R$ 管理図

ウ.

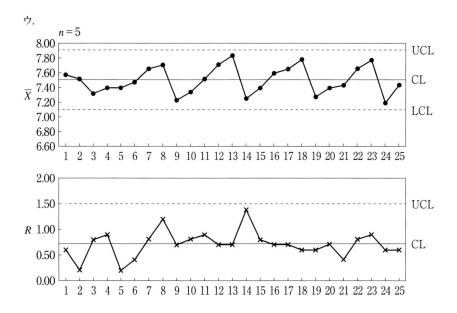

エ.

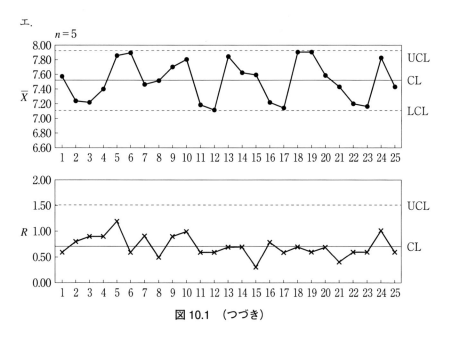

図 10.1 （つづき）

オ.

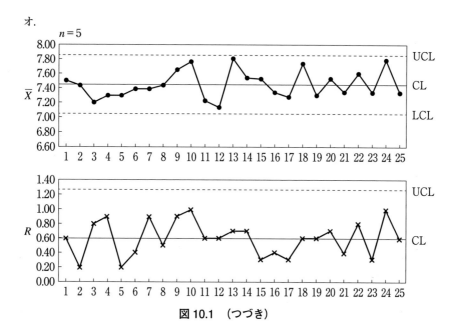

図 10.1 （つづき）

問題10.3

管理図に関する次の文章で，正しいものには○，正しくないものには×を選び，マークせよ．

① $\bar{X}-R$ 管理図では，$\bar{X}$ 管理図は群間変動を捉えるので重要であり，R 管理図は群内変動を捉えるので，管理状態を判定するうえでは重要ではない．
　　　　　　　　　　　　　　　　　　　　　　　　　　　　(1)

② $\bar{R}$ の値が大きくなっても，$\bar{X}$ 管理図の管理限界には影響を与えない．
　　　　　　　　　　　　　　　　　　　　　　　　　　　　(2)

③ 工程改善をしたときは，管理限界を再計算する必要がある． (3)

④ 工程に異常が発生してから，対策を打つために管理図は用いられる．
　　　　　　　　　　　　　　　　　　　　　　　　　　　　(4)

⑤ $\bar{X}$ 管理図で中心線近くに点が集中している場合は，異常が発生している可

能性がある．　　　　　　　　　　　　　　　　　　　　　(5)

問題10.4

計数値データの管理図に関する次の文章において，☐内に入るもっとも適切なものを下欄の選択肢からひとつ選び，その記号をマークせよ．ただし，各選択肢を複数回用いることはない．

① 計数値データの管理図として，不適合品数を扱う (1) がある．(1) は群の大きさ n を一定にし 2 検査を行い，不適合品数を管理図に打点したものである．この管理図は，不適合品数が (2) 分布に従うものとして管理線を求めている．

② ①で群の大きさが一定でない場合は，検査個数に対する不適合品数の割合，すなわち (3) を求め，管理図を作成する．この管理図を (4) という．(4) では，群の (5) によって管理限界は異なる．

【選択肢】
ア．np 管理図　　イ．ポアソン　　ウ．正規　　エ．p 管理図
オ．二項　　カ．不適合品率　　キ．不適合数　　ク．大きさ
ケ．数

第11章 工程能力指数

問題11.1

工程能力指数に関する次の文章において，□内に入るもっとも適切なものを下欄の選択肢からひとつ選び，その記号をマークせよ．ただし，各選択肢を複数回用いることはない．

① 工程能力指数とは，ある工程で作られる製品(部品)の (1) をどれだけばらつきなく均一に作ることができるかを評価する (2) のことをいう．この計算式は，データから計算された $\bar{x}$ と (3) を用いて， (1) に与えられた規格との比較で計算される．両側規格の場合は， (4) で計算され，片側規格(下限規格)の場合は， (5) として計算される．また，両側規格で分布のかたより(分布の中心が規格の中心からずれているとき)が存在する場合は， (6) の (7) の値として求められる．

【 (1) 〜 (7) の選択肢】

ア． s
イ．生産量
ウ． $C_p = \dfrac{\bar{x} - S_L}{6s}$

エ． $C_p = \dfrac{\bar{x} - S_L}{3s}$
オ．品質特性
カ． $C_{pk} = \left\{\dfrac{\bar{x} - S_L}{3s}, \dfrac{S_U - \bar{x}}{3s}\right\}$

キ． $u = \dfrac{x - \mu}{\sigma}$
ク．尺度
ケ． $C_p = \dfrac{S_U - S_L}{6s}$

コ． $u = \dfrac{x + \mu}{\sigma}$
サ．大きいほう
シ．小さいほう

② 工程能力を評価する場合，まずは工程が (8) であることを確認する必要がある． (8) とは，工程において，統計的に (9) が発生していない状態のことをいう．このことを確認する方法として， (10) などが活用される．

工程が安定な状態を確認した後に，工程能力指数を求める．計算された工程能力指数の値から次のような判断を行う．

$C_p \geq 1.67$ のときは，工程能力は (11) ．
$1.67 > C_p \geq 1.33$ のときは，工程能力は (12) ．
$1.33 > C_p \geq 1.00$ のときは，工程能力は (13) ．
$1.00 > C_p \geq 0.67$ のときは，工程能力は (14) ．
$0.67 > C_p$ のときは，工程能力は (15) ．

【 (8) ～ (15) の選択肢】

ア．十分にある　　　　イ．異常　　　　　　ウ．$C_p = \dfrac{\bar{x} - S_L}{6s}$

エ．十分すぎる　　　　オ．不足している　　カ．安定状態

キ．まずまずである　　ク．$\bar{X} - R$ 管理図　ケ．$C_p = \dfrac{S_U - S_L}{6s}$

コ．$u = \dfrac{x + \mu}{\sigma}$　　　　サ．非常に不足している

第12章 相関分析

問題12.1

散布図に関する次の文章において，□内に入るもっとも適切なものを下欄の選択肢からひとつ選び，その記号をマークせよ．ただし，各選択肢を複数回用いることはなく，図 12.1 は，(x, y_1)，(x, y_2) それぞれ20個の散布図である．

① 40個の対の全データの相関係数は (1) である．さらに (x, y_1) の相関係数は (2) ，(x, y_2) の相関係数は (3) である．
② これらのデータは， (4) して， (5) することで，精度よく x と y_1, x と y_2 の関係を把握することができる．

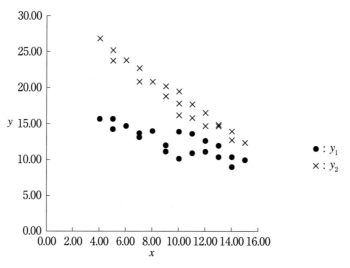

図 12.1 x と y_1, x と y_2 の散布図

【選択肢】
ア．0.979　　イ．−1.000　　ウ．−0.644　　エ．層別　　オ．0.644
カ．−0.979　　キ．−0.842　　ク．相関分析　　ケ．0.842　　コ．分割
サ．工程解析

問題12.2

相関分析に関する次の文章において，□内に入るもっとも適切なものを下欄の選択肢からひとつ選び，その記号をマークせよ．ただし，各選択肢を複数回用いることはない．

表12.1のあるお店の来客数と、売上のデータから相関係数を求めよ．ただし，
$\Sigma x = 585$, $\Sigma y = 990$, $\Sigma xy = 29{,}076$
$\sum x^2 = 17{,}215$, $\sum y^2 = 49{,}226$

とする．

来客数の平方和 $S(xx)$，売上の平方和 $S(yy)$，来客数と売上の偏差積和 $S(xy)$ とすると，

$$S(xx) = \sum x^2 - \frac{\left(\sum x\right)^2}{n} = \boxed{(1)} - \frac{\boxed{(2)}}{\boxed{(3)}} = \boxed{(4)}$$

$$S(yy) = \sum y^2 - \frac{\left(\sum y\right)^2}{n} = \boxed{(5)} - \frac{\boxed{(6)}}{\boxed{(3)}} = \boxed{(7)}$$

$$S(xy) = \sum xy - \frac{\left(\sum x\right)\left(\sum y\right)}{n} = \boxed{(8)} - \frac{\boxed{(9)}}{\boxed{(3)}} = \boxed{(10)}$$

となる．

相関係数 r は，

$$r = \frac{S(xy)}{\sqrt{S(xx)S(yy)}} = \frac{\boxed{(10)}}{\boxed{(11)}} = \boxed{(12)}$$

70

第12章 相関分析

表 12.1 来客数と売上のデータ

日	1	2	3	4	5	6	7	8	9	10	11	12	13	14	15	16	17	18	19	20
来客数(人)	29	32	29	28	25	28	31	31	32	23	29	32	27	30	29	29	30	30	32	29
売上(万円/日)	50	49	46	51	44	46	52	52	51	42	46	52	47	53	51	51	53	53	54	47

となる.

【選択肢】

ア．20　　　イ．221　　　ウ．134　　　エ．0.78　　　オ．40
カ．119　　　キ．104　　　ク．29,076　　ケ．49,226　　コ．579,150
サ．980,100　シ．342,225　ス．17,215　　セ．0.56　　　ソ．152

付　表

正規分布表の見方

(1) 標準正規分布に従う確率変数 u が K_P 以上の値をとる確率を**上側確率**(上片側確率)と呼び，P とする．正規分布表は，K_P と P の関係を表にしたものである．正規分布表には，「K_P から P を求める表」，「P から K_P を求める表」などがある．いずれの表も $K_P \geq 0$ の範囲しか記載がないが，正規分布は $u=0$ に対して左右対称であることにより，下側確率(下片側確率)P に対応する正規分布の値は，$-K_P$ と求める．

(2) 正規分布表(Ⅰ)　K_P から P を求める表：

　表の左の見出しは，K_P の値の小数点以下1桁目までの数値を表し，表の上の見出しは，小数点以下2桁目の数値を表す．表中の値は，P の値を表す．例えば，$K_P=1.96$ に対応する P の値は，表の左の見出しの 1.9* と，表の上の見出しの 6 が交差するところの値 0.0250 を読み，$P=0.0250$ と求める．

(3) 正規分布表(Ⅱ)　P から K_P を求める表：

　表の左の見出しは，P の値の小数点以下1桁目または2桁目までの数値を表し，表の上の見出しは，小数点以下2桁目または3桁目の数値を表す．表中の値は，K_P の値を表す．例えば，$P=0.05$ に対応する K_P は，表の左の見出しの 0.0* と，表の上の見出しの 5 が交差するところの値 1.645 を読み，$K_P=1.645$ と求める．

　この表では，$P=0.025$ の値を読むことはできないので，正規分布表(Ⅰ)を用い，(2)で示した逆の手順により，$P=0.0250$ に対応する K_P の値を，$K_P=1.96$ と求める．

付表　正規分布表

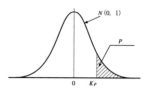

(Ⅰ)　K_P から P を求める表

K_P	*=0	1	2	3	4	5	6	7	8	9
0.0*	.5000	.4960	.4920	.4880	.4840	.4801	.4761	.4721	.4681	.4641
0.1*	.4602	.4562	.4522	.4483	.4443	.4404	.4364	.4325	.4286	.4247
0.2*	.4207	.4168	.4129	.4090	.4052	.4013	.3974	.3936	.3897	.3859
0.3*	.3821	.3783	.3745	.3707	.3669	.3632	.3594	.3557	.3520	.3483
0.4*	.3446	.3409	.3372	.3336	.3300	.3264	.3228	.3192	.3156	.3121
0.5*	.3085	.3050	.3015	.2981	.2946	.2912	.2877	.2843	.2810	.2776
0.6*	.2743	.2709	.2676	.2643	.2611	.2578	.2546	.2514	.2483	.2451
0.7*	.2420	.2389	.2358	.2327	.2296	.2266	.2236	.2206	.2177	.2148
0.8*	.2119	.2090	.2061	.2033	.2005	.1977	.1949	.1922	.1894	.1867
0.9*	.1841	.1814	.1788	.1762	.1736	.1711	.1685	.1660	.1635	.1611
1.0*	.1587	.1562	.1539	.1515	.1492	.1469	.1446	.1423	.1401	.1379
1.1*	.1357	.1335	.1314	.1292	.1271	.1251	.1230	.1210	.1190	.1170
1.2*	.1151	.1131	.1112	.1093	.1075	.1056	.1038	.1020	.1003	.0985
1.3*	.0968	.0951	.0934	.0918	.0901	.0885	.0869	.0853	.0838	.0823
1.4*	.0808	.0793	.0778	.0764	.0749	.0735	.0721	.0708	.0694	.0681
1.5*	.0668	.0655	.0643	.0630	.0618	.0606	.0594	.0582	.0571	.0559
1.6*	.0548	.0537	.0526	.0516	.0505	.0495	.0485	.0475	.0465	.0455
1.7*	.0446	.0436	.0427	.0418	.0409	.0401	.0392	.0384	.0375	.0367
1.8*	.0359	.0351	.0344	.0336	.0329	.0322	.0314	.0307	.0301	.0294
1.9*	.0287	.0281	.0274	.0268	.0262	.0256	.0250	.0244	.0239	.0233
2.0*	.0228	.0222	.0217	.0212	.0207	.0202	.0197	.0192	.0188	.0183
2.1*	.0179	.0174	.0170	.0166	.0162	.0158	.0154	.0150	.0146	.0143
2.2*	.0139	.0136	.0132	.0129	.0125	.0122	.0119	.0116	.0113	.0110
2.3*	.0107	.0104	.0102	.0099	.0096	.0094	.0091	.0089	.0087	.0084
2.4*	.0082	.0080	.0078	.0075	.0073	.0071	.0069	.0068	.0066	.0064
2.5*	.0062	.0060	.0059	.0057	.0055	.0054	.0052	.0051	.0049	.0048
2.6*	.0047	.0045	.0044	.0043	.0041	.0040	.0039	.0038	.0037	.0036
2.7*	.0035	.0034	.0033	.0032	.0031	.0030	.0029	.0028	.0027	.0026
2.8*	.0026	.0025	.0024	.0023	.0023	.0022	.0021	.0021	.0020	.0019
2.9*	.0019	.0018	.0018	.0017	.0016	.0016	.0015	.0015	.0014	.0014
3.0*	.0013	.0013	.0013	.0012	.0012	.0011	.0011	.0011	.0010	.0010
3.5	.2326E-3									
4.0	.3167E-4									
4.5	.3398E-5									
5.0	.2867E-6									
5.5	.1899E-7									

(Ⅱ)　P から K_P を求める表

P	*=0	1	2	3	4	5	6	7	8	9
0.00*	∞	3.090	2.878	2.748	2.652	2.576	2.512	2.457	2.409	2.366
0.0*	∞	2.326	2.054	1.881	1.751	1.645	1.555	1.476	1.405	1.341
0.1*	1.282	1.227	1.175	1.126	1.080	1.036	.994	.954	.915	.878
0.2*	.842	.806	.772	.739	.706	.674	.643	.613	.583	.553
0.3*	.524	.496	.468	.440	.412	.385	.358	.332	.305	.279
0.4*	.253	.228	.202	.176	.151	.126	.100	.075	.050	.025

出典：森口繁一，日科技連数値表委員会編：『新編 日科技連数値表―第2版』，日科技連出版社，2009

解答・解説編

第1章　QC的ものの見方・考え方

> **解答1.1**

(1) ク．ニーズ　　(2) コ．品質第一　　(3) カ．広義
(4) キ．コストアップ　(5) ケ．向上　　　(6) エ．減少
(7) ウ．コストダウン

> **解説1.1**

① 企業は，顧客の信頼を得てこそ，長期的な製品の売上および利益が得られ，企業経営を継続できる．品質管理活動は，市場のニーズに適合する製品を顧客へ提供することにより，顧客の信頼を得ようとする活動である．このように品質を優先する考え方を**"品質第一"**と呼んでいる．

② よい品質の製品とは，その製品に顧客が期待しているような"はたらき"を，期待どおりに実行する製品といえる（狭義の品質）．品質管理活動では，顧客の満足を得るためには，（狭義の）品質（Quality）のみに注目するだけでなく，原価（Cost）や納期，生産量（Delivery）についても重視し，経済的な方法でよい製品を供給することを目指すことが推奨されている．そのため，QCDを**"広義の品質"**ということもある．さらに，その製品を使用した場合の使用者および周辺環境への影響，特に，安全（Safety）や環境（Environment）を加えて，QCDSEを広義の品質とする場合もある．また，生産性（Productivity），心の健康（Moral, Morale）も重視されるので，QCD＋PSMEを総合的な品質ということもある．

③ 品質を向上させることは，コストアップにつながると考えられる傾向がある．これは，検査による品質向上を連想するためである．品質管理活動では，完成した製品が顧客の要求を満足するものであることを確実にするために検査を実施する．検査による品質確保は手段であるが，品質改善の本来の手段とは考えていない．品質改善は，不適合品を製造しない工程を作り上げるこ

とにより，達成すべきであると考える．工程を改善せず，検査によって品質を確保するならば，不適合品の手直しや廃棄処理が増加し，コストアップへつながる．しかし，製造工程の改善により品質を確保するならば，不適合品の手直しや廃棄処理が減少するとともに，安定した生産性を確保することができ，効率的な生産計画を立てることができ，結果的にコストダウンになることが期待される．すなわち，「品質は工程で作り込む」という考え方が重要である．

解答1.2

(1) ア．データ　　　　(2) シ．事実に基づく管理　　(3) エ．ばらつく
(4) オ．QC手法　　　 (5) キ．偶然　　　　　　　　(6) サ．異常
(7) ケ．ばらつきの管理

解説1.2

① 事実に基づいて管理活動を進めていくことを**"事実に基づく管理"**という．ここでいう事実とは，着目した現状を測定した値，データである．例えば，製造工程の良し悪しを評価するには，製品が達成すべき品質特性を製品について測定し，その測定値に基づいて評価しなければならない．「作業標準どおりの操業を行っているから，多分よい製品ができているであろう」という推測であってはならない．

② 製品の品質特性に影響を及ぼす製造工程の要因は無数にある．製造に際して，これらのすべての要因をコントロールすることはコストの増大につながるので，影響の大きい要因のみをコントロールし，影響の少ないと思われる要因は，コントロールしないで変動したままにするのが一般的である．そのため，このような工程で作業標準に従って操業しても，製造される製品の品質特性は，普通，ねらいの特性値を中心にばらつく．この場合，製造工程の良し悪しの評価は，多数の製品の品質特性の集団的性質に基づいて行わなけ

ればならない．このようなばらつくデータの集団的性質を評価するには，統計的手法を中心とした**"QC 手法"**は効果的な道具となる．

③ 製造工程の工程能力を向上させるためには，製造される製品の品質特性のばらつきを減らすことが重要な課題となる．この場合，全体のばらつきを"偶然原因によるばらつき"と"異常原因によるばらつき"に分けることが効果的である．

"異常原因によるばらつき"とは，例えば，ⅰ) 層別したヒストグラムにおいてヒストグラム間で平均値に差がある場合，その層別要因に起因するばらつきや，ⅱ) $\bar{X}$ 管理図に異常を発生させている原因によるばらつきなどである．これらは影響が明確な原因によるばらつきである．したがって，このばらつきは，その原因の除去を見過ごしてはいけないばらつきである．**"偶然原因によるばらつき"**とは，異常原因以外によるばらつきであり，手を打つ原因が見つかっていないばらつきである．ばらつき低減のためには，手を打つべき原因を QC 手法を活用することによって発見することが必要である．

解答1.3

(1) ×　　(2) ×　　(3) ○　　(4) ×　　(5) ×　　(6) ○

解説1.3

① **"マーケットイン"**(Market-in)とは，「市場の要望に適合する製品を生産者が企画，設計，製造，販売する活動」である．その実践には，製造段階で適合品を製造する活動だけでなく，市場情報や顧客ニーズを解析し，これを商品企画に反映させる必要がある．

② 問題解決において，解決の難易度に関わらず結果への影響の大きい問題から取り組んでいく考え方を**"重点指向"**という．つまり，多数軽微項目(trivial many)よりも少数重点項目(vital few)を選んで，これを解決していくことが，成果の大きい問題解決活動となる．

③ 自工程で行った仕事の結果を受け取る後工程もお客様であると考え，後工程が満足してもらえる結果を提供していくことが必要である．そのために，後工程の立場に立って考え，後工程が何を望んでいるか，どのような手順で仕事をしているか，どのような管理方法か，などをよく知り，理解することが重要である．このような考え方を**"後工程はお客様"**という．

④ 誰がやっても，いつやっても，ムリ・ムダ・ムラなく，同じように仕事ができるように，もっとも適切と考えられる仕事のやり方を記述したものを**"作業標準"**という．これは，個人の覚書でなく，同じ仕事に携わる作業者全員が遵守しなければならない．したがって，個人で管理するのでなく，組織の担当部署で管理されなければならない．

⑤ **"再発防止"**とは，問題の原因，または原因の影響を除去するだけでなく，再発しないようにする処置(予防処置)が含まれる．したがって，予防処置に関連した作業標準などの見直しが必要である．

⑥ 実施に伴って発生すると考えられる問題をあらかじめ計画段階で洗い出し，それに対する修正や対策を講じておくことを**"未然防止"**という．

解答1.4

(1)イ．品質第一　　(2)ウ．事実に基づく管理　　(3)キ．標準化
(4)オ．プロセスによる管理

解説1.4

① 品質管理活動では，よい品質の製品を提供することで顧客との信頼関係を築くことを重要視しており，この考えを**"品質第一"**という．したがって，「安かろう悪かろう」の製品を提供したのでは，信頼関係を構築することはできない．

② 現状の把握，工程の良し悪しの評価などは，常に，事実によって行われなければならない．これを**"事実に基づく管理"**という．したがって，設計に

合致した製品を製造しているつもりでも，設計でねらった品質特性が製品に実現できているか否かは，データにより管理すべきである．

③　熟練工に作業方法をまかせ切りにするのでなく，誰が，いつやっても，ムリ・ムダ・ムラなく，同じように仕事ができるように，もっとも適切と考えられる作業のやり方を決めておくべきである．これを記述したものを**"作業標準"**という．作業標準を決めることにより，多くの作業者がその作業を担当することができるようになり，労働力確保が容易になる．また，作業標準に基づいた作業を実践することにより，不適合品の発生原因の追究など，問題解決が容易となる．作業標準を明確にすることは，**"標準化"**の重要な活動である．

④　プロセス内に品質向上のための要因を探し，これをコントロールすることにより，品質向上を目指すべきである．これを**"プロセスによる管理"**（プロセス重視）という．そうすることにより，その工程から製造される製品全体の品質が向上し，工程能力が向上する．検査では，不適合品を除外することができても，工程が改善されるわけではない．したがって，検査では，品質を作り込むことはできないといえる．

第1章のポイント

【1. 第1章で学ぶこと】

(1) 品質管理活動は，製品やサービスに対して顧客の要求を満たす活動を重視している．すなわち，"**顧客指向**"の活動である．顧客の概念には，製品を購入する顧客だけでなく，製造工程内で自工程のアウトプットを受け取る後工程をも含めることから，後工程も顧客と考え，"**後工程はお客様**"という表現が用いられるようになった．

(2) 品質管理活動は，なによりも品質のよい製品を提供することにより，顧客の満足を得ようとする活動であり，このことを"**品質第一**"といい，品質の重要性を表現している．

(3) 顧客が満足する製品を提供するには，市場情報や顧客ニーズを収集して，その分析結果を商品企画に反映させる"**マーケットイン**"(Market-in)の考え方を実践しなければならない．

(4) 品質管理活動における品質は，"**狭義の品質**"(Quality)のみならず，原価(Cost)や納期・生産量(Delivery)を含めた"**広義の品質**"(QCD)を意味している．

(5) 品質管理活動では，検査による不適合品の流出防止を強化するのではなく，製造工程内の品質向上のための要因をコントロールすることにより不適合品を作らない活動を重視している．すなわち，"**プロセスによる管理**"(プロセス重視)を目指している．この実践により，"**再発防止**"，"**未然防止**"が達成できる．

(6) プロセスによる管理においては，データの測定と解析を基本とする"**事実に基づく管理**"が実践されなければならない．工程で測定されるデータは，ばらつくものである．ばらついたデータを解析するには，統計手法を中心とした"**QC手法**"が有効である．

(7) 製品の品質特性のばらつきの低減活動では，ばらつきを異常原因によるばらつきと偶然原因によるばらつきに分け，異常原因によるばらつき

81

をなくす活動が大切である．異常が発生しない安定した工程は，ばらつきの小さい工程である．平均値も重要だが，ばらつきの小さい工程は高く評価されることから，**"ばらつきの管理"** の重要性が謳われている．

(8) 日常の仕事を進めていく中では，多くの問題が発生している．限られた制約の中でもっとも効率よく，かつ効果的に解決するためには，すべての問題を同時に取り上げるよりは，重要な問題に絞りもっとも効果が期待できる問題から順次取り組むべきである．多数軽微項目（trivial many）よりも少数重点項目（vital few）に着眼した取組みを **"重点指向"** といい，効率的な活動として評価されている．

(9) 品質のよい製品を製造できる工程の構築と運用方法ができたら，作業標準を作成するなど **"標準化"** が行われなければならない．これに基づいた作業を実行することにより，品質のよい製品を製造できる工程を維持していくことができる．

【2．理解しておくべきキーワード】

- マーケットイン　・プロダクトアウト　・Win-Win　・品質優先
- 品質第一　・後工程はお客様　・プロセス重視　・特性と要因
- 因果関係　・応急対策　・再発防止　・未然防止　・予測予防
- 源流管理　・目的志向　・QCD＋PSME　・重点指向
- 事実に基づく活動　・三現主義　・見える化　・潜在トラブルの顕在化
- ばらつき　・全部門，全員参加　・人間性尊重　・従業員満足（ES）

第2章　品質の概念

> 解答2.1

(1) イ．特性　　　(2) ウ．要求事項　　(3) オ．最適　　(4) キ．価格
(5) ス．ライフサイクル　(6) ケ．満足　　(7) シ．長期

> 解説2.1

① JIS Q 9000：2015 によれば，**"品質"** とは，「対象に本来備わっている特性の集まりが，要求事項を満たす程度」とされている．例えば，乗用車には，速度，外観，操縦性，燃費，耐久性など，乗用車を特徴づけるたくさんの性質・性能がある．これらを特性という．これらのうち，乗用車の品質の評価対象となる特性を品質特性という．また，JIS Q 9000：2015 によれば，**"要求事項"** とは，「明示されている，通常暗黙のうちに了解されている又は義務として要求されている，ニーズ又は期待」とされている．顧客が乗用車の品質特性に求めるニーズが要求事項である．提供する乗用車の品質特性の要求事項への合致度が，顧客満足となる．

② 通勤用の乗用車の購入を考えた場合，速度が他種の乗用車に比べて最速であることが顧客の期待に応えることではなく，適度な価格で，通勤に際して安全を確保できる程度の速度で走ることである．すなわち，使用目的に対して，最適であることが，顧客にとって品質のよい乗用車といえる．

③ 例えば，乗用車の品質は，乗用車の性能だけでなく，運転のしやすさ，故障の起こりにくさ，修理のしやすさ，廃棄までの期間，廃棄のしやすさなど，ライフサイクルにわたっての顧客の期待に応えなければならない．

④ 品質管理活動では，よい品質の製品を顧客に提供することにより，顧客の満足と信頼を得ることを目標としている．そうすることで，企業は，長期の売上と利益を確保することができると考える．この考え方を **"品質第一"** という．

解答2.2

(1)ア．ねらいの品質　(2)イ．できばえの品質　(3)イ．できばえの品質
(4)ア．ねらいの品質　(5)ア．ねらいの品質　(6)イ．できばえの品質

解説2.2

"ねらいの品質"とは，「顧客・社会のニーズと，それを満たすことを目指して計画した製品・サービスの品質要素・品質特性・品質水準との合致の程度」である．"設計品質"ともいう．よいねらいの品質とは，製品の製造がしやすいこと，顧客の要求に応えていることなどをいう．

"できばえの品質"とは，「計画した製品・サービスの品質要素，品質特性及び品質水準と，それを満たすことを目指して実現した製品・サービスとの合致の程度」である．"製造品質"ともいう．よい製造品質とは，設計でねらった品質目標を製造された製品で実現できていることをいう(日本品質管理学会：『品質管理用語 JSQC-Std 00-001：2011』，日本品質管理学会，2011年)．

① 開発した製品の品質目標が，顧客要求に合致していなければ，設計でねらった品質目標を製造した製品で実現できても，顧客満足は得られない．
② 充電端子の取付けに不備があることは，設計で求められた内容を製造した製品で実現できていないことになる．
③ 設計で求められた LED 集合体内の LED 配置を製造で実現できていない．
④ 製造工程での製造の困難さを設計変更で解消したことになる．設計段階で，顧客要求に応えるだけでなく，製造しやすい製品構造を実現することも，設計品質の一部である．
⑤ 製品の使い勝手のよさは，製造品質を高めても実現はできず，設計段階で配慮されるべきである．
⑥ 接続端子の変形は，設計上の問題ではないので，部品の組付け時に起こったと考えられる．製造技術または作業の方法に問題があったと思われるの

で，製造品質に問題がある．

解答2.3

(1) ア．品質特性　　(2) イ．品質要素　　(3) イ．品質要素
(4) ア．品質特性　　(5) ウ．代用特性

解説2.3

　顧客が製品に要求する機能，性能を満たす製品を設計，製造するためには，生産者は，製品の機能，性能を物理的な仕組みや性質で具体化しなければならない．生産者が要求品質に応えるために考慮する物理的な仕組みや性質を**"品質要素"**といい，「品質／質を構成している様々な性質をその内容によって分解し，項目化したもの」(日本品質管理学会：『品質管理用語 JSQC-Std 00-001：2011』，日本品質管理学会，2011年)とされている．

　品質要素で取り上げられる用語には，「機能」，「性能」，「操作性」，「安全性」，「信頼性」など，製品を具体化するには，まだまだ抽象的なものが多い．そのため，品質要素は，物理的な値で指定することのできるレベルの項目にまで展開される．この展開された項目を**"品質特性"**といい，顧客の製品選択の根拠となる特性である．

　"代用特性"とは，「要求される品質特性を直接測定することが困難なため，その代用として用いる他の品質特性」(旧 JIS Z 8101：1981)である．

① 顧客は，例えば，同時録画数：2チャンネル，対応DVDの種類数：8種類，ダビングに要する時間：4倍速ダビングなど，具体化された品質特性を評価して製品を選択する．

② 開発や技術部門では，開発する製品で，同時録画機能の多チャンネル化，ダビングに使用できるDVDの汎用化，ダビングの高速化など，顧客にアピールしたい品質要素を定める．そして，それを実現するための品質特性に展開し，選択を行い，ねらいの特性値を設定する．

③ 経営者は，開店するレストランのねらいを，入店のしやすさ，料理提供の迅速性，メニューの豊富さなどの品質要素に置き換えている．

④ 経営者は，③で重視した品質要素を実現するために，品質特性のねらい値として透明ガラスの自動式ドアの設置，料理提供時間3分以内，メニューの種類25種類以上を設定した．

⑤ 顧客満足は直接測定することができない．「お客さんが満足してくれたら，さらに追加注文してくれるだろう」との推測のもとに，追加注文メニュー数を顧客満足の代用特性として用いた．

第2章のポイント

【1. 第2章で学ぶこと】

(1) **"品質"** とは，製品に備わっている特性（機能）の集まりが，顧客の要求事項を満たす程度である．

(2) **"よい品質"** の製品とは，最高，最上の製品を意味するのではなく，その製品に備わっている機能が，目的を達成するのに **"最適"** であることを意味する．

(3) **"ねらいの品質"** とは，顧客・社会のニーズに対する，これらのニーズを満たすことを目指して計画（設計）した製品・サービスの品質特性および品質水準の合致の程度をいう．**"設計品質"** ともいう．

(4) **"できばえの品質"** とは，ねらいの品質で目指した製品・サービスの品質特性および品質水準と，実際に製造できた製品または提供できた製品・サービスとの合致の程度をいう．**"製造品質"** ともいう．

(5) 生産者が要求品質に応えるために考慮する物理的な仕組みや性質を **"品質要素"** という．品質要素で取り上げられる用語には，「機能」，「性能」，「操作性」，「安全性」，「信頼性」など，製品を具体化するには抽象的なものが多い．そのため，品質要素は，物理的な値で指定することのできるレベルの項目にまで展開される．この展開された項目を **"品質特性"** という．

(6) **"代用特性"** とは，品質特性を直接測定することが困難な場合，その代用として用いられる他の品質特性をいう．

【2. 理解しておくべきキーワード】

・品質 ・要求品質 ・品質要素 ・ねらいの品質 ・設計品質
・できばえの品質 ・製造品質 ・品質特性 ・代用特性 ・当たり前品質
・魅力的品質 ・サービスの品質 ・仕事の品質 ・社会的品質
・顧客満足 ・顧客価値

第3章　管理の方法

> 解答3.1

(1) イ．維持　　(2) ウ．改善　　(3) キ．SDCA　　(4) サ．標準化
(5) ケ．PDCAS　(6) カ．継続的　(7) キ．現状　　(8) オ．狭義の問題
(9) イ．重点指向　(10) カ．課題達成型 QC ストーリー

> 解説3.1

① 組織においては，良い状態を維持し続ける**"維持活動"**と，製品やサービスの品質，さらにはそれを生み出す仕事の質を，より良いものに改善していく**"改善活動"**の両方が必要である．維持活動と改善活動を合わせて，**"管理活動"**という．

　"維持活動"とは，「日常的な活動において，作業標準に従い，現状の維持と再発防止に重点を置いた管理活動」のことをいう．

　"改善活動"とは，「現状での作業における問題点を発見し，より良い作業の状態を生み出す活動」のことをいう．また「現在の品質をより良くしたり，原価を下げたりするために，仕事の間違いを減らしたり，他部門(特に後工程の人たち)が仕事をやりやすく喜んでもらえるように仕事のやり方を変えたりすること」をいう．

② **PDCA**とは，**計画**(Plan)，**実施**(Do)，**確認**(Check)，**処置**(Act)からなる管理のサイクルのことで，「効果的に効率よく目的を達成するための活動を，PDCA の反復から構成するマネジメントの基本的方法」である．

　過去の経験が十分にある場合，仕事のやり方や技術が確立されている場合，現状維持の仕事の場合には，計画 P(Plan)に替え，標準 S(Standard)を与え，PDCA のサイクルではなく，**SDCA** のサイクルとすることもある．

　また A の後の段階で，標準化 S(Standardization)を行うことが重要であり，これを強調して **PDCAS** のサイクルと呼ぶこともある．

③　JIS Q 9001：2015「10.3　継続的改善」では，「組織は，品質マネジメントシステムの適切性，妥当性及び有効性を継続的に改善しなければならない．組織は，継続的改善の一環として取り組まなければならない必要性又は機会があるかどうかを明確にするために，分析及び評価の結果並びにマネジメントレビューからのアウトプットを検討しなければならない」と，**"継続的改善"** が要求されている．品質マネジメントシステムの様々な活動の場面を通じて，常により良いシステム，より有効なシステムへの改善への取組みが要求されている．

④　**"問題"** とは，「理想とする状態と現状の間に差（ギャップ）があること」と定義されている．「理想とする状態」には，「本来あるべき状態」と「将来においてありたい状態」の2つの状態を考える．前者を理想としたとき，「現状との間に差があること」を **"狭義の問題"** といい，後者を理想としたとき，「現状との間に差があること」を **"課題"** と呼び，区別する．また，両者を合わせて **"広義の問題"** ともいう．

⑤　問題解決には問題を見つけること，すなわち「あるべき状態と現状との差」を正確に把握することが重要である．問題の重要性の把握においては，QC七つ道具の一つであるパレート図を用いた重点指向が有効である．問題は，他部門，他工場，他社，海外の会社などにおいて，重点指向した特性と比較することにより明らかになることも多い．

⑥　課題達成型 QC ストーリーの手順においては，アイデアと発想の抽出のステップが重要である．このステップでは，創造的な思考を助ける連関図法，系統図法，親和図法などの新 QC 七つ道具は有効な手法である．

解答3.2

(1) カ．パレート図　　(2) エ．要因の解析　　(3) イ．折れ線グラフ
(4) ウ．特性要因図　　(5) オ．散布図　　　　(6) ウ．対策の検討と実施
(7) ア．効果の確認　　(8) イ．標準化と管理の定着
(9) エ．チェックシート

解説3.2

問題解決型 QC ストーリーの手順と各ステップにおいて使用される QC 手法に関する出題である．

QC ストーリーは，問題解決事例を他の人にわかりやすく説明するために工夫された報告書の構成であったが，それ自体が問題解決の手順そのものであることから，問題解決型 QC ストーリーと呼ばれ広く使われている．一方，革新的・挑戦的なテーマや新規事業などの創造に対しては，課題達成型 QC ストーリーが開発された．

両者の手順の比較を**表 3.1**に示す．

表 3.1 問題解決型と課題達成型の手順

手順	問題解決型	課題達成型	異なる点
1	テーマの選定	テーマの選定	
2	現状の把握と目標の設定	攻め所と目標の設定	○
3	活動計画の作成	活動計画の作成	
4	要因の解析	方策の立案	○
5	対策の検討と実施	成功シナリオの追究と実施	○
6	効果の確認	効果の確認	
7	標準化と管理の定着	標準化と管理の定着	

問題解決型では問題を解決するために要因解析を行い，原因を追究するが，課題達成型では課題達成のための方策(手立て，手段)を立案することが重要である．

問題解決型 QC ストーリーでは，各ステップにおいて QC 七つ道具を主とした手法が使われる．各ステップの手順ごとに使われる手法の一例を示す．

① 「テーマの選定」では，ブレーンストーミングにより多くの問題点を洗い出す．さらに，新 QC 七つ道具のひとつであるマトリックス図法によって各テーマを評価し，選定理由を明確化することが行われる．

② 「現状の把握と目標の設定」では，パレート図による重点指向の考え方や，ヒストグラムによる特性値の分布の把握などが重要である．
③ 「活動計画の作成」では，問題解決の手順に沿って実施項目の日程を決め，ガントチャートやアローダイアグラムを使って活動計画書を作成する．
④ 「要因の解析」では，特性要因図による要因の列挙，整理が行われる．また，各種グラフや散布図，さらに検定・推定などによる要因の解析も行われる．
⑤ 「対策の検討と実施」では，新 QC 七つ道具の一つである系統図などによる対策の検討が行われる．
⑥ 「効果の確認」では，各種グラフやヒストグラムおよびパレート図などが用いられる．
⑦ 「標準化と管理の定着」では，管理図やチェックシートによる管理の維持確認が行われる．

解答3.3

(1) ×　　(2) ○　　(3) ×　　(4) ○　　(5) ×

解説3.3

① テーマの選定に当たっては，現在，困っている結果系の問題を対象にすることが重要である．手段系の問題をテーマにすると，手段はうまくいったが，改善効果は得られなかったということになりかねない．
② 現状の把握や目標の設定では，改善の対象となる管理特性を決めることが重要である．これが目標に対する対策の有効性をはかる尺度になる．さらに，達成したい目標値とともに達成期限を明確にする．
③ 要因の解析に用いるデータには，過去のデータ，日常採取されているデータ，新たに実験や観察を行って得たデータがある．これら，すべてを有効に活用する．データの解析に当たっては，層別，時間的変化，要因と特性の間の相関関係，現物・現場の観察などに着目して進める．

④ 効果の確認で，目標値が達成できなかった場合には，その原因がどこにあるのか，なぜ効果が出なかったのかを追究しなければならない．そのためには，要因の解析の手順まで戻って，活動をやり直すことが必要である．
⑤ 効果には，本来ねらった直接的な効果の他に，付随して生じた間接的な効果がある．間接的な効果だけをとらえて「目標を達成した」というのは，いつの間にか目標が変わってしまったということに他ならない．

第3章のポイント

【1．第3章で学ぶこと】

(1) **"維持"** とは，標準やマニュアルに従って作業し，ばらつきのない仕事の結果を生み出すことであり，**"改善"** とは，仕事のやり方を良いやり方に改めることである．

(2) **"PDCA"** とは，計画(Plan)，実施(Do)，確認(Check)，処置(Act)からなる管理のサイクルのことである．現状維持の仕事の場合には，計画 P(Plan)に代えて標準 S(Standard)を加え，**SDCA** のサイクルとする．A の後の段階で，標準化 S(Standardization)を行うことが重要であり，この場合には **"PDCAS"** という．

(3) **"継続的改善"** とは，問題または課題を特定し，問題解決または課題達成を繰り返し行う改善である．

(4) (狭義の)**"問題"** とは，「本来あるべき状態と現状との差(ギャップ)」をいう．**"課題"** とは，「理想とする状態と現状との差(ギャップ)」をいう．これら問題と課題を合わせて広義の問題ともいう．

(5) **"問題解決型 QC ストーリー"** では，要因を検証し，様々なデータ解析により真の要因を摘出することが重視される．

(6) **"課題達成型 QC ストーリー"** では，課題を設定しシナリオを作成して，課題を実現する．何(What)を目指すべきなのか，どのように(How)実現するのかというシナリオが鍵を握っており，設計的，仮説発想的(仮説探索的)なアプローチといわれている．

【2．理解しておくべきキーワード】

・維持　・改善　・管理　・PDCA　・SDCA　・PDCAS　・継続的改善
・問題　・課題　・問題解決　・課題達成　・問題解決型 QC ストーリー
・課題達成型 QC ストーリー

第4章　品質保証

> 解答4.1

(1)キ．補償　　(2)ア．保証　　(3)オ．結果　　(4)イ．プロセス
(5)ウ．品質保証体系図

> 解説4.1

① 戦後の高度成長期までは，購入後の一定期間の製品の不具合については，修理や取替え交換などによって品質を「補償」するという考え方が主流であった．しかしながら，このようなやり方では，継続的に顧客の信頼を得ることができず，メーカー側にとっての経済的な負担も大きいため，品質の「保証」ができる体制作りを進めるようになった．

② よい製品を作るためには，製造だけでなく，よい製品やサービスの企画，設計，製造，検査，材料や必要な設備の確保など各段階の工程(プロセス)が結びついて役割を果たす必要がある．

　「品質を工程で作りこむ」ためには，仕事の**"結果の保証"**としての検査だけでは十分ではなく，プロセスを管理し，向上させていく必要がある．これが，**"プロセスによる保証"**である．

③ 品質を保証するための体系的な活動を全社レベルでまとめ，商品企画，開発，製造，販売，サービスなどに至る一貫したシステムを図に表したものが，**品質保証体系図**である．この図では，フローチャートとともに，各段階(ステップ)において担当部門が品質保証のためになすべき活動を示している．

> 解答4.2

(1)ウ．品質機能展開　　(2)ア．DR　　(3)イ．保証の網(QAネットワーク)
(4)エ．顕在化した不具合事象の要因を掘り下げ，問題解決に役立てる

(5)オ.構成要素の故障モードとその上位アイテムへの影響を解析する

解説4.2

"**品質機能展開**"とは,「製品に対する品質目標を実現するために,さまざまな変換及び展開を用いる方法論.**QFD**と略記することがある」(JIS Q 9025：2003)である.

製品に対する顧客のニーズなどを把握し,製品設計に反映させる必要がある.同時に予期しうる品質問題の解決策を検討しておくことは,新製品開発において重要である.

表4.1の完成版を**表4.2**に示す."**FTA**"とは,「下位アイテムまたは外部事象,もしくはこれらの組合せの故障(フォールト)モードのいずれかが,定められた故障(フォールト)モードを発生させえるかを決めるための,故障(フォールト)の木形式で表された解析」(JIS Z 8115：2000)である.主な目的としては,発生が好ましくない現象に対して,その発生経路や発生確率を評価することが挙

表 4.2 新製品開発に用いられる手法(完成版)

主に適用する場面	手法名	手法の概要
市場調査 製品企画	品質機能展開	製品に対する顧客の要求と,それを満足するための技術的品質特性,さらに部品の品質および製造工程の管理項目にいたる一連の関係について,二元表を用いて整理する
製品設計	FTA	顕在化した不具合事象の要因を掘り下げ,問題解決に役立てる
製品設計	FMEA	構成要素の故障モードとその上位アイテムへの影響を解析する
製品設計	DR	関係各部門が参画し,設計の審査を行う
生産準備	保証の網(QAネットワーク)	不具合・誤りと工程(プロセス)の二元的な対応において,どの工程で発生防止と流出防止を実施するのかをまとめる

げられる．

　FTA の実施には，故障の事前解析としての FTA と，故障の事後解析としての FTA がある．

　"FMEA" とは「あるアイテムにおいて，各下位アイテムに存在し得る故障モード(フォールトモード)の調査，並びにその他の下位アイテムおよび元のアイテム，さらに，上位のアイテムの要求機能に対する故障モードの影響の決定を含む定性的な信頼性解析手法」(JIS Z 8115：2000) である．つまり，FMEA は種々のアイテムの故障に対して，これらの相互関係に着目し，最終的にはシステム全体としての故障を未然に防止することが目的である．

　"DR" とは，「信頼性性能，保全性性能，保全支援能力要求，合目的性，可能な改良点がある要求事項および設計中の不具合を検出・修正する目的で行われる．現存または提案された設計に対する公式，かつ独立の審査」(JIS Z 8115：2000) とされる．

　この DR はいわゆる設計審査と呼ばれ，設計にインプットすべきユーザーニーズや設計仕様などの要求事項が設計のアウトプットに漏れなく織り込まれ，品質目標を達成できるかどうかについて審議することをいう．設計審査には，設計部門だけでなく営業，製造部門など，関連する他部門の担当者も参加する．

　"保証の網(QA ネットワーク)" とは，「不具合・誤りと工程(プロセス)の二元的な対応において，どの工程で発生防止と流出防止を実施するのかをまとめた図」である．QA ネットワーク図では，縦軸に不具合・誤りを，横軸に工程をとってマトリックスを作り，表中の対応するセルには，発生防止と流出防止の観点からどのような発生防止・流出防止対策がとられているか，またそれらの有効性などを記入する．また，それぞれの不具合・誤り項目ごとに，重要度，目標とする保証水準，マトリックスより求めた現在の保証ランクを記述する．

解答4.3

(1)エ．廃棄　　(2)ケ．製品ライフサイクル　　(3)コ．製品安全
(4)カ．環境配慮　　(5)ア．苦情　　(6)ウ．クレーム　　(7)イ．製造物責任

解説4.3

① 近年は，製品の販売時だけではなく，長期間の使用時にも，そして製品の廃棄まで品質保証するということが要求されるようになっており，「**製品ライフサイクル全体での品質保証**」という考え方となっている．この考え方は，環境負荷とその影響を製品の廃棄まで定量的に評価するという「ライフサイクルアセスメント」(LCA：Life Cycle Assessment)という考えにつながっている．

② 製品の有用性は，その製品の存在価値を積極的に主張するのに対し，安全性は，その製品がもたらす危害をどれだけ小さくできるかということである．安全性が確保できなければ，どれだけ有用性が高くともその製品に存在価値はない．安全性は，製品が使用者に危害を与えないようにする**製品安全**の問題と，社会や環境への悪影響を排除する**環境配慮**の問題に分けられる．

③ "**苦情**"とは，「製品やサービスの欠陥などに関して，消費者などが供給者に対してもつ不満」のことをいう．苦情のうちで，修理，取替え，値引き，解約，損害賠償などの請求があり，供給者がこれを認めたものを，**クレーム**という．

　品質管理において，苦情処理・クレーム処理は極めて重要な活動であり，一般に，下記のような処理を行う．

　1) 苦情に対する応急処置
　2) クレーム解析
　3) 再発防止策
　4) 苦情情報の活用

④ クレーム処理が主として製品そのものの欠陥・不具合に対する処理責任を意味しているのに対し，その製品の使用者または第三者の受けた人的・物的損害に対しての**製造物責任**がある．"**製造物責任**"とは，「ある製品の欠陥が原因で生じた人的・物的損害に対して製造業者が負うべき賠償責任」のことで，英語で Product Liability (略して PL) という．この考え方は欧米では古くからあったが，日本でも1995年7月から"**製造物責任法**(略称 **PL法**)"

が施行され，製造業者の賠償責任が法的に追及されるようになった．

解答4.4

(1)ウ．整合性　　(2)エ．監査　　(3)カ．作業標準　　(4)オ．台帳
(5)エ．工程設計　(6)ア．量産

解説4.4

① "QC工程図(表)"とは，「ひとつの製品について部品材料の供給から完成品として出荷されるまでの工程を図示し，この工程の流れにそって，誰が，いつ，どこで，何を，どのように管理したらよいかを定めたものである．つまり各工程での管理項目と管理方法を明らかにしたもの」である．
　QC工程図(表)の機能および活用の場として，以下のものがある．
- 製造工程全体を通じて工程管理活動の整合性の検討や，製造工程の監査に活用する．
- 品質を保証する項目や数値，それを達成するための製造工程での管理すべき項目を設定し，管理項目として活用する．
- 工程設計での，デザインレビュー(設計審査)の際に，使用する帳票のチェックに用いる．
- 製造部門が不良品を発生させない，流出させないための系統的な管理のために使用する．
- 作業標準，関連帳票などの台帳として使用する．
- 工程・作業などの変更の際の抜け・漏れのチェックに用いる．
- 監督者が作業者を指導するときに使用する．
- 異常発生時の工程の解析に使用する．

② QC工程図(表)の役割には，以下のものがある．
- 工程管理の明確化
　工程設計段階で，計画中の工程管理方法を明確化することにより，そ

の計画が妥当かどうかをチェックする．工程設計の段階だけでなく，工程監査や量産段階においても，工程管理の状況のチェックなどに活用する．

- 工程管理のための標準

  作業の管理標準として活用する．管理方法を限定することによって管理ミスを防ぐことや，管理方法を明らかにすることで，不具合の改善を行うことができる．

  通常の標準類と同様に，QC工程図（表）に従って管理を進めていくとともに，必要に応じてQC工程図（表）を改訂していくことも重要である．

解答4.5

(1) イ．目的　　(2) ア．確認方法　　(3) エ．仕損
(4) ア．作業者　(5) ウ．写真や図を使って　(6) オ．実行可能
(7) ウ．品質検査

解説4.5

① **"作業標準"** とは，JIS Z 8002：2006によれば，「作業の目的，作業条件（使用材料，設備・器具，作業環境など），作業方法（安全の確保を含む．），作業結果の確認方法（品質，数量の自己点検など）などを示した標準」である．作業の標準化により，品質の安定，仕損の防止，能率の向上，作業の安全を図ることができる．

② 実際に作業を行う人を対象に，作業方法などを定めた作業標準を作業手順書，作業要領書などという．これらの作成に当たっては，作業者が変わっても，記載されたとおりの作業を行えば，安定した品質の製品が作られるようにすることが重要である．

　このため，作業のやり方は，できるだけわかりやすく，写真や図などを使

って具体的に表現することが必要である．また，実行可能であることが必須であるので，作成の際には，作業者自身が作成したり，作業者の意見を取り入れることも必要である．

③ 製品を生産する工程を，工程図記号を用いて図示したものを "**工程図**" という．

"**工程図記号**" は，生産対象（物）の流れ，すなわち，材料が加工されて製品へと変化する過程を図示する際に用いる記号である．この記号により，各要素工程が，加工，検査，運搬，停滞の4種類のどれに該当しているのかを明確にすることができる．

工程図記号は，JIS Z 8206：1982 に規定されている（**表 4.3**）．

表 4.3 工程図記号（JIS Z 8206：1982）

	基本図記号			
記号	○（大）	○（小）	▽	D
名称	加工	運搬	貯蔵	滞留

	基本図記号（つづき）		補助図記号		
記号	□	◇	｜	～	＝
名称	数量検査	品質検査	流れ線	区分	省略

	複合記号			
記号	◇に□	□に◇	○に□	○に矢印
説明	品質検査を主として行いながら数量検査もする．	数量検査を主として行いながら品質検査もする．	加工を主として行いながら数量検査もする．	加工を主として行いながら運搬もする．

解答4.6

(1) ×　　(2) ×　　(3) ○　　(4) ×　　(5) ○　　(6) ×　　(7) ×

解説4.6

① 工程に異常が発生した場合には，異常処置ルールに従って，速やかに応急処置を行わなければならない．そして，異常の発生と処置の内容を上司に報告する．緊急を要する事態，作業者自身で処置できない場合や処置方法が不明な場合には，上司に速やかに報告・連絡し，相談する．

② 再発防止対策が確立するまでには，時間がかかることが多い．それまでに何もしなければ，損失が拡大することも考えられる．よって，再発防止対策がとられるまでに応急対策を行い，損失が拡大することを防ぐ必要がある．**"応急対策"** とは，「原因不明あるいは原因は明らかだが何らかの制約で直接対策のとれない異常や不適合に対して，とりあえずそれに伴う損失をこれ以上大きくしないためにとる処置」である．

③ 異常は発生していないが，発生する兆候がある場合や発生の可能性がある場合なども，上司に速やかに報告・連絡・相談を行う必要がある．報告は速やかに漏れなく情報を伝えなければならない．報告すべき必要な情報を記載できるようにした報告書の書式をあらかじめ決めておくとよい．

④ 工程異常が発生した場合には，損失を拡大させないための応急対策を実施する．これには，異常な工程を正常に戻す処置，および異常な工程から作り出された製品の処置がある．

⑤ 法令違反のような事象も，工程異常と同等の処理手順で対応する．ただし，問題の大きさによっては，社外への公表など緊急の対応が求められる場合もある．その手順，手続きなど特別の対応は決めておく必要がある．

⑥ 社外への影響があるような不測の事態が発生した場合には，速やかに公的機関などへ通報を行わなくてはならない．

⑦ **工程能力**とは，ある工程がどれだけばらつきを小さく製品を作ることがで

きるかという能力のことである．**工程能力調査**は，工程で作られる製品の品質特性のばらつきである母標準偏差 σ を推定することから始める．さらに，6σ と規格を対比した**工程能力指数** C_p を用いて，ばらつきの小さい均一な製品を作る能力があるかどうかの評価を行うことが多い．調査の結果は**工程解析**のための基礎資料となる．

解答4.7

(1) イ．検査　　(2) ク．適合　　(3) キ．ロット　　(4) オ．試験
(5) ア．前工程　(6) ウ．再発防止　(7) エ．購入　　(8) イ．最終
(9) ア．間接　　(10) オ．出荷　　(11) ア．破壊　　(12) エ．全数

解説4.7

① **"検査"** とは，「適切な測定，試験，又はゲージ合わせを伴った観測及び判定による適合性評価」（JIS Z 8101-2：2015）とされている．ここで適合性評価とは，顧客および製造者が定めた規定要求事項と比較して適合しているかを評価する．また，適合しているものを**"適合品"**，適合していないものを**"不適合品"**と呼ぶ．

検査には，個々の品物またはサービスに対して行うものと，品物またはサービスのいくつかのまとまりであるロットに対して行うものがある．品物一つひとつに対しては，適合品（適合サービス）／不適合品（不適合サービス）を判定し，ロットに対しては，合格／不合格の判定を行う．

一方，**"試験"** とは，「アイテムの特性又は性質を測定，定量化，又は分類するために行われる実験」（JIS Z 8115：2000）とされている．試験はサンプルの何らかの特性値を調べることを意味し，その試験結果を用いて合否判定を行うことが検査である．

② 検査には，①の適合品／不適合品，合格／不合格の判定のほか，製品・サービスの品質に関する情報（不適合品率など）を，前工程に伝達し，不適合

品などの再発防止や未然防止を行うという目的がある．
③ 検査が行われる段階によって分類すると，品物(材料・半製品または製品)を受け入れる段階で，一定の基準に基づいて受入の可否を判定する**"購入検査(受入検査)"**，工場内において，半製品をある工程から次の工程に移動してもよいかどうかを判定するために行う**"工程内検査(中間検査，工程間検査)"**，できあがった品物が，製品として要求事項を満足しているかどうかを判定するために行う**"最終検査"**などがある．

　購入検査で，供給側が行った検査結果を必要に応じて確認することによって，受入側の試験を省略する場合があり，これを**"間接検査"**という．また，**"出荷検査"**は，製品を出荷する際に行う検査であり，最終検査終了後，ただちに製品が出荷される場合には，最終検査は出荷検査となる．

　検査の方法には，製品全数について検査を行う**"全数検査"**，ロットからサンプルを抜き取って検査する**"抜取検査"**，品質情報・技術情報に基づいてサンプルの試験を省略する**"無試験検査"**などがある．

④ **"破壊検査"**とは，品物を破壊したり，商品価値の下がるような方法で行う破壊試験を伴う検査のことをいう．一方，**"非破壊検査"**とは，検査する対象物を破壊せずに行う検査である．破壊検査は，全数検査には適用できない．

解答4.8

(1) ×　　(2) ×　　(3) ×　　(4) ×　　(5) ×

解説4.8

① **"計測"**とは，「特定の目的を持って，事物を量的にとらえるための方法・手段を考及し，実施し，その結果を用い初期の目的を達成させること」(JIS Z 8103：2000)である．したがって，事物を量的にとらえることとされている．

② 計測に使用する機器である計測器は，時間の経過とともに劣化・変化する．したがって，変化の大きさなどを評価したり，これを予防して必要なレベルを確保するためには，日常の点検の実施や記録が不可欠である．
③ 測定には必ず誤差が伴う．環境，計測器(装置)，測定者の影響など多くの要因がある．したがって，測定の信頼性を確保するためには，計測器の管理，測定者の教育・訓練，測定法の標準化などが重要である．
④ 国際単位系は，国際度量衡総会によって採択され推奨された一貫性のある単位系であり，SIと略され，我が国をはじめ，各国で使用されている．
⑤ JIS Z 8013：2000では，**測定誤差**に関する用語が下記のように定義されている．

　誤差：測定値から真の値を引いた値
　かたより：測定値の母平均から真の値を引いた値
　ばらつき：測定値の大きさがそろっていないこと．また，ふぞろいの程度

解答4.9

(1) イ．人　　　(2) ウ．五感　　　(3) カ．検査　　　(4) キ．理化学的
(5) コ．個人間　(6) ケ．個人内　(7) サ．糖度(糖の含有量)
(8) シ．味覚　　(9) ス．代用　　(10) ソ．感性品質

解説4.9

① JIS Z 8144：2004では，**"官能特性"**とは，「人の感覚器官が感知できる属性」とされている．
② すなわち，見る(視覚)，聴く(聴覚)，嗅ぐ(嗅覚)，味わう(味覚)，触れる(触覚)という五感によって判断するものといえる．
③ 官能特性は，人の感覚器官が感知できる属性のことで，**官能検査**で判定対象となる特性，すなわち，官能検査で利用される品質特性のことである．
④ ビールののどごしは，人間が五感で感じるビールの品質特性であり，それ

を理化学的に測定することは不可能である．したがって，その特性の評価は，官能検査・評価に頼らざるを得ない．

⑤　五感に頼った官能評価の測定において，安定した測定値を得るのは容易ではない．それは，評価者の感受性のばらつきが大きいことによる．複数の評価者を採用すると，評価者個人間のばらつきが生じ，また評価者個人内においても，評価時の体調などによって個人内のばらつきが生じるからである．

⑥　ぶどうの味は，含まれている糖の種類，量，ぶどうの舌触りなどの組合せで，人によってさまざまに感じられるであろう．しかし，甘さについては，含まれている糖の含有量(糖度)によってほぼ説明できることから，味覚で感じる甘さの代用特性として，糖度が用いられる．

⑦　**"感性品質"** とは，人間の五感の「感覚」だけでなく，人間の情緒や感情，気持ちや気分，好感度，選好，快適性，使いやすさ，生活の豊かさなどの「感じ方」も含んだ品質のことである．商品開発においても，「感覚」と「感じ方」を合わせた「感性」に訴える商品を提供することが求められるようになってきている．

第4章のポイント

【1. 第4章で学ぶこと】

(1) **"品質保証"** とは，顧客・社会のニーズを満たすことを確実にし，確認し，実証するために，組織が行う体系的な活動である．

(2) **"品質保証体系図"** とは，品質を保証するための体系的な活動を全社レベルでまとめ，商品企画，開発，量産，販売，サービスなどに至る一貫したシステムの大要を表した図である．

(3) **"品質機能展開**(Quality Function Deployment：**QFD**)**"** とは，製品に対する品質目標を実現するために，さまざまな変換および展開を用いる方法論である．

(4) **"デザインレビュー(DR)"** とは，信頼性性能，保全性性能，保全支援能力要求，合目的性，可能な改良点がある要求事項および設計中の不具合を検出・修正する目的で行われる．現存または提案された設計に対する公式，かつ独立の審査のことである．

(5) **"FTA"** とは，下位アイテムまたは外部事象，もしくはこれらの組合せの故障(フォールト)モードのいずれかが，定められた故障(フォールト)モードを発生させるかを決めるための，故障(フォールト)の木形式で表された解析のことである．

(6) **"FMEA"** とは，あるアイテムにおいて，各下位アイテムに存在し得る故障モード(フォールトモード)の調査，ならびにその他の下位アイテムおよび元のアイテム，さらに，上位のアイテムの要求機能に対する故障モードの影響の決定を含む定性的な信頼性解析手法である．

(7) **"保証の網(QAネットワーク)"** とは，不具合・誤りと工程(プロセス)の二元的な対応において，どの工程で発生防止や流出防止を実施するのかをまとめた図である．

(8) **"製品ライフサイクル全体での品質保証"** とは，製品の販売時だけではなく，長期間の使用時にも，そして製品の廃棄まで品質保証するという

ことである.

(9) 製品の **"安全性"** には，製品が使用者に危害を与えないようにする **"製品安全"** の問題と社会や環境への悪影響を排除する **"環境配慮"** の問題がある．

(10) **"製造物責任"** とは，製品の欠陥が原因で生じた人的・物的損害に対して製造業者が負うべき賠償責任のことである．

(11) 製品やサービスの欠陥などに関して，消費者などが供給者に対してもつ不満のことを **"苦情"** という．苦情のうちで，修理，取替え，値引き，解約，損害賠償などの請求があり，供給者がこれを認めたものを，**"クレーム"** という．

(12) **"工程（プロセス）管理"** とは，工程の出力である製品またはサービスの特性のばらつきを低減し，維持する活動，およびその活動過程で，工程の改善，標準化，および技術蓄積を進めていくことである．

(13) **"QC 工程図（表）"** とは，ひとつの製品について部品材料の供給から完成品として出荷されるまでの工程を図示し，この工程の流れに沿って，誰が，いつ，どこで，何を，どのように管理したらよいかを定めたものである．

(14) **"作業標準"** とは，作業の目的，作業条件（使用材料，設備・器具，作業環境など），作業方法（安全の確保を含む），作業結果の確認方法（品質，数量の自己点検など）などを示した標準である．

(15) 工程に異常が発生した場合には，異常処置ルールに従って，速やかに処置をしなければならない．また，再発防止対策がとられるまでに応急対策を行い，損失が拡大することを防ぐ必要がある．

(16) **"工程能力調査"** は，工程の 6σ を推定し，これと規格を対比した工程能力指数 C_p を用いて，ばらつきの小さい均一な製品を作る能力があるかどうかの評価を行う．

(17) **"検査"** とは，適切な測定，試験，又はゲージ合わせを伴った観測及

び判定による適合性評価である．

　検査には，検査が行われる段階によって分類すると，**購入検査（受入検査）**，**工程内検査（中間検査，工程間検査）**，**最終検査（出荷検査）**などがある．また，検査は，**全数検査**，**抜取検査**に分けられる．購入検査で，供給側が行った検査結果によって受入側の試験を省略する場合を**間接検査**という．品質情報・技術情報に基づいて試験を省略する，**無試験検査**もある．その他，**破壊検査**，**非破壊検査**など，多くの種類がある．

(18) **"計測"** とは，特定の目的を持って，事物を量的にとらえるための方法・手段を考究し，実施し，その結果を用い初期の目的を達成させることである．

(19) **"官能検査"** とは，人の感覚器官によって行う検査のことである．**"感性品質"** とは，人の五感などの「感覚」だけでなく，人の「感じ方」も含んだ品質のことである．

【2．理解しておくべきキーワード】

・品質保証　・品質保証体系図　・品質機能展開　・DR　・FMEA　・FTA
・保証の網（QAネットワーク）　・製品ライフサイクル　・製品安全
・環境配慮　・製造物責任　・苦情　・クレーム　・作業標準
・プロセス（工程）　・プロセス（工程）管理　・QC工程図　・フローチャート
・工程図記号　・異常処置　・再発防止　・応急対策　・法令順守　・検査
・試験　・購入検査　・受入検査　・工程内検査　・中間検査　・工程間検査
・最終検査　・出荷検査　・間接検査　・無試験検査　・破壊検査
・非破壊検査　・全数検査　・抜取検査　・計測　・計測の管理
・測定誤差　・官能検査　・感性品質

第5章　品質経営の要素

> 解答5.1

(1)ア．経営目的　(2)ス．年度　(3)オ．重点課題　(4)サ．方策
(5)ケ．展開　(6)キ．管理　(7)エ．次期

> 解説5.1

① 『クォリティマネジメント用語辞典』では，**"方針管理"** は，「経営基本方針に基づき，長・中期経営計画や短期経営計画を定め，それらを効果的・効率的に達成するために，企業組織全体の協力のもとに行われる活動」とされている．
② 方針管理における方針は，重点課題，目標とそれを達成するための手段である方策から構成される．例えば，方針としては，重点課題：利益拡大，目標：営業利益率の向上，方策：(1)製造原価低減，(2)新製品 A の市場投入，のように提示される．また，方策については，方策(1)に対して，管理項目：製造原価，目標値：15% 削減のように，方策で実現すべき管理項目，目標値を合わせて示すことが必要である．
③ 上位方針は，下位部門別に，その部門長により上位方針の方策が下位の部門方針へ展開される．このような方針を具体的な実施計画に結びつける活動を方針展開という．
④ 方針から策定された活動計画の実施においては，PDCA を回さなければならない．実施の結果は，期末にチェックするだけでなく，絶えず目標達成の進捗状況を管理しなければならない．その場合，管理する管理項目を選定し，これを管理グラフ(折れ線グラフ)などにより監視する必要がある．
⑤ 期末には，目標の達成状況，活動状況を評価，反省し，その結果は，次期方針の策定に活かさなければならない．方針管理においても PDCA を回し，方針の策定，展開，実施，評価の進め方のレベルアップを図らなければなら

ない．

解答5.2

(1) ケ．役割・機能　　(2) エ．アウトプット　　(3) ス．管理水準
(4) ク．管理項目　　　(5) コ．原因　　　　　　(6) オ．再発
(7) シ．効果　　　　　(8) ア．作業標準

解説5.2

"**日常管理**"を実施する一般的な手順を示すと，次のようになる．

ステップ1：職務の明確化

　自部門が，他部門に対してどのような役割・機能を果たしているかを明らかにする．

ステップ2：プロセスの明確化

　プロセスを分割し，各々の活動内容を文書化するとともに，その記録を残す．

ステップ3：管理項目の選定

　顧客にとって重要で，プロセスの不安定さを的確に捉えられるものを選ぶ．

ステップ4：管理水準の設定

　現行のプロセスの実力，検出すべき異常の性質によって，中心値と限界値を決める．

ステップ5：異常の検出

　検出すべき異常の性質に応じた頻度と群分けでチェックする．

ステップ6：異常原因の追究

　異常の発生時期・形態に関する情報を活用し，通常と異なるプロセスの条件を見つける．

ステップ7：異常原因の除去

　異常の原因となった条件がばらつかないような処置をプロセスに対策してとる．

ステップ8：効果の確認と管理水準の改訂
　プロセスの標準および管理水準を改訂する．
（出典：大藤　正，谷津　進：「第23章　経営管理システムの構築と運営」，『品質管理セミナー　ベーシックコーステキスト』，日本科学技術連盟，2015年）

解答5.3

(1) ア．共通に，かつ繰り返して　　(2) イ．統一・単純化　　(3) イ．互換性
(4) エ．両立性　　　　　　　　　　(5) ア．多様性の調整

解説5.3

① **"標準化"** とは，「実在の問題又は起こる可能性がある問題に関して，与えられた状況において最適な秩序を得ることを目的として，共通に，かつ，繰り返して使用するための記述事項を確立する活動」（JIS Z 8002：2006）とされている．また，**"標準"** とは，「関連する人々の間で収益又は利便が公正に得られるように，統一し，又は単純化する目的で，もの（生産活動の産出物）及びもの以外（組織，責任権限，システム，方法など）について定めた取決め」（JIS Z 8002：2006）とされている．一方，旧 JIS Z 8101：1981 によると，標準は，「関係する人々の間で利益又は利便が公正に得られるように統一・単純化を図る目的で，物体・性能・能力・配置・状態・動作・手順・方法・手続・責任・義務・権限・考え方・概念などについて定めた取決め」とあり，標準化による統一・単純化が重要とされている．

② 標準化の目的としては，以下のものなどがあげられる．

1) 目的適合性

　特定の条件の下で，複数の製品，方法またはサービスが所定の目的を果たすこと．

2) 両立性

　特定の条件の下で，複数の製品，方法またはサービスが相互に不当な影響

を及ぼすことなく，それぞれの要求事項を満たしながら，ともに使用できること．

3) 互換性

製品，方法またはサービスが同じ要求事項を満たしながら，別のものに置き換えて使用できること．

4) 多様性の調整

大多数の必要性を満たすように，製品，方法またはサービスのサイズ・形式を最適な数に選択すること．

5) 安全性

容認できない傷害のリスクが少ないこと．

6) 環境保護

製品，プロセスおよびサービスそれ自体およびその運用によって生じる，容認できない被害から環境を守ること．

7) 製品保護

使用中，輸送中，保管上および気候上の好ましくない条件，またはその他の好ましくない条件から製品を守ること．

解答5.4

(1) ×　　(2) ○　　(3) ×　　(4) ○　　(5) ×　　(6) ×　　(7) ○

解説5.4

① **"社内標準"** とは，「個々の会社内で会社の運営，成果物などに関して定めた標準」(JIS Z 8002：2006)であり，通常，社内で強制力をもたせている．社内標準は，ひとつの企業のルールであるが，使用することによってお互いの利益になる国際規格や国家規格(例えば，ISO規格，JIS規格など)，法律で使用することが義務づけられている強制規格(例えば，電気用品安全法，薬事法など)など，関係する規格を反映している．したがって，社内標準も

国内外の規格と整合・調整をとりながら作成・改訂する必要がある．

②，③ 社内標準化の目的と効果として，次のようなものが挙げられる．
1) 企業としての固有技術の蓄積と技術力の向上．
2) 部品や製品の互換性やシステムの整合性の向上により，コスト低減に寄与．
3) 社内への会社方針や計画の周知．
4) カタログ，仕様書などによる顧客への的確な情報伝達．
5) 業務の統一化・ルール化による能率の向上と部門内外の連携強化．
6) ばらつきの管理・低減による品質の安定化．
7) 設備保全や災害予防の確立による労働災害の未然防止，作業者の安全，健康，生命の保護に寄与．
8) 安全性・信頼性のある製品の提供と，それによる消費者と社会の利益に貢献．

④ 社内標準化は，品質，コスト，納期，安全，環境管理など，すべての企業活動を適切に実施するために欠くことのできない活動である．また，企業活動を効率的に円滑に行っていくための手段であり，社内の関係者の合意によって社内標準を設定し，それを活用していく社内の組織的な活動である．前述のように，"社内標準"は，「個々の会社内で会社の運営，成果物などに関して定めた標準」である．ここで，会社の運営は，「経営方針，業務所掌規定，就業規則，経理規定，マネジメントの方法など」，また成果物は，「製品（サービスおよびソフトウェアを含む），部品，プロセス，作業方法，試験・検査，保管，運搬などに関するもの」とされている．

⑤，⑥ 社内標準には，**表 5.1** の例がある．

⑦ 社内標準化には，標準を教育・訓練に活用することで，従業員が仕事を効率よく理解し習得できるという効果がある．

表 5.1 社内標準の例

No.	標準類	標準の内容
1	規定	主として組織や業務の内容・手順・手続き・方法に関する事項について定めたもの.
2	要領	各業務について, それを実施するときの手引き, 参考, 指針となるような事項をまとめたもの.
3	規格	主として製造, 検査, サービスにおける物や製造条件, 方法などの技術的事項について定めたもの.
4	仕様	材料・製品・工具・設備などについて, 要求する特定の形状・構造・寸法・成分・能力・精度・性能・製造方法・試験方法などを定めたもの.
5	技術標準	工程ごと, あるいは製品ごとに必要な技術的事項を定めたもの.
6	作業標準	作業条件, 作業方法, 管理方法, 使用材料, 使用設備, その他の注意事項などに関する基準を定めたもの.

出典：日本品質管理学会編：『新版 品質保証ガイドブック』, 日科技連出版社, p.562, 2009 年

解答5.5

(1) エ．JIS　　(2) カ．ISO　　(3) ウ．地域規格　　(4) ア．団体規格
(5) オ．整合性　(6) ア．鉱工業品　(7) イ．JISマーク表示

解説5.5

① わが国では, 国家規格として日本工業規格(JIS)などが制定されている. 規格には, 他に ISO などの国際規格, 欧州などに見られる地域規格, 事業者団体が制定する団体規格, 企業内で制定される社内標準がある. それぞれの規格の間には, 内容的な矛盾がないこと, つまり整合性の保持が重要である. 規格の間で矛盾があると, 全体としての標準化の目的とその効果が阻害され, むしろ弊害をもたらすことになる. 規格の体系と種類を**表 5.2** に示す.

② "JIS"(Japanese Industrial Standards)とは, 工業標準化法に基づいて制定される日本の鉱工業品に関する国家規格のことであり, 正式には"**日本工**

表 5.2　規格の体系と種類

種類	規格の範囲	規格例
国際規格	国際標準化組織，または国際規格組織によって採択され，公開されている規格．	ISO（国際標準化機構） IEC（国際電気標準会議） ITU（国際電気通信連合）
地域規格	地域標準化組織，または地域規格組織によって採択され，公開されている規格．	EN（欧州標準化委員会規格） CEN（欧州標準化委員会） CENELEC（欧州電気標準化委員会）
国家規格	国家標準化組織，または国家規格組織によって採択されている規格．	国内：JIS（日本工業規格），JAS（日本農林規格） 国外：BS（英国規格），ANSI（米国規格），DIN（ドイツ規格），CSA（カナダ規格），GB（中国規格）
団体規格	学会などの学術団体や工業会などの事業者団体などで制定され，その会員や構成員の内部において適用される規格．	国内：JEM（日本電機工業会規格），JEITA（電子情報技術産業協会規格），JASO（日本自動車技術会規格） 国外：ASME（米国機械規格），EIA（米国電子機械規格），VDE（ドイツ電気・安全規格），VDI（ドイツ工業規格）
企業内規格（社内標準）	企業内あるいは工場，特定の事業所内で，経営者をはじめ関係者によって制定され，そこで適用される規格．一般に，社内標準という．	各企業の社内標準 技術標準，作業標準，製品規格，原材料規格，設計規格など

出典：日本品質管理学会編：『新版 品質保証ガイドブック』，日科技連出版社，p.558，2009 年

業規格"という．英語の頭文字をとって JIS を略号としている．日本の工業標準化制度は，工業標準化法に従って，主務大臣（経済産業大臣，国土交通大臣など）により制定される JIS への適合性を評価して証明する "JIS マーク表示制度" および "試験所登録制度" の 2 本柱で運営されている．"**JIS マーク表示制度**" とは，「一定水準の品質，性能を有する鉱工業品を安定して製造することが可能な技術的の能力を有する工場に対して，JIS マークの表示を認定する制度」のことである．

> **解答5.6**

(1) ソ．第一線　　(2) エ．小グループ（小集団）　　(3) シ．自主的
(4) セ．継続　　(5) ウ．職場　　(6) ス．推進事務局
(7) ケ．企業内　　(8) キ．管理者　　(9) サ．動機づけ
(10) イ．教育

> **解説5.6**

① **"小集団"** とは，「第一線の職場で働く人々による，製品又はプロセスの改善を行う小グループ．この小集団は，**"QCサークル"** と呼ばれることがある」(JIS Q 9024：2003) と定義されている．
② 一般的に，プロジェクトチームは，1つの目的を達成すると解散する．しかしQCサークルは，テーマ完了後も新たなテーマに対して挑戦し，活動を継続することにより個人の能力を伸ばすとともに，活力ある職場づくりを目指している．
③ QCサークルは，自主的活動とはいえ，あくまでも企業内活動として活動するので，結成したQCサークルは，QCサークル推進事務局へ登録して，活動の承認を受ける．
④ QCサークルを担当する管理者は，活動の運営はサークルメンバーの自主性に任せるものの，適宜，運営の円滑化，テーマ解決について指導・助言を行い，活動への動機づけを行わなければならない．そのため，管理者も自らQCの考え方・手法を学ばなければならない．
⑤ QCサークル推進事務局は，推進に必要な環境の整備が重要な役割である．中でも，活動推進に必要な教育の計画と実施は中心的な業務といえる．教育には，QCサークルのリーダーやメンバーを対象とした教育だけでなく，QCサークルを指導・助言する管理者に対する教育も含まれる．

解答5.7

(1)○　(2)×　(3)×　(4)○　(5)○　(6)×　(7)○　(8)×
(9)×　(10)○　(11)×

解説5.7

① 日常管理では，現状を維持するだけでなく，さらに好ましい状態へ改善する活動も行われる．しかし，日常管理における改善程度では目的達成に問題がある場合には，現状を打破するレベルの改善として，方針管理の活動として取り上げられる．

② 策定された上位方針は，担当の部門長によって，部門の方針に展開されなければならない．

③ トップマネジメントによる診断は，監査とは異なる．したがって，問題点を指摘するだけでなく，よい点も取り上げてほめるべきである．

④ 方針管理による改善の成果は，日常管理で維持しなければならない．日常管理による維持と日常の改善→方針管理による現状打破の改善→日常管理による維持と日常の改善→…と継続することが，管理のレベルの向上につながる．

⑤ 方針管理による改善の成果は，日常で維持されなければならない．そのためには，成果として得られたもっとも適切と考えられる仕事のやり方，原材料や部品，製品などについて標準化し，日常管理を行わなければならない．

⑥ 日常管理は，業務を標準どおりに実施することが基本であるが，日常業務の小さな改善をも含む．したがって，日常の仕事の結果に問題が発生した場合には，標準を見直すことも必要である．

⑦ QCサークルの管理者の役割には，次のことが期待されている．
- 管理者自身が，QCの考え方や手法などを学び，実践に努める．
- 管理者は積極的にQCサークルを指導・支援する．
- QCサークル活動の評価を行い，指導・支援のあり方の反省を行うととも

に，労をねぎらい，ほめる．
- QCサークルへの指導・支援・評価を通じて自らの実務に活かす．
- QCサークルと経営者のパイプ役を果たす．

⑧ QCサークルの会合時には，メンバー全員が発言しやすい雰囲気作りを行わなければならない．したがって，メンバーは積極的に意見を述べるが，他人の発言を制したり，個人攻撃をすることは慎まなければならない．

⑨ QCサークルは，他のサークルと他流試合を行い相互啓発しなければならない．そのため，他社のQCサークルと交流するだけでなく，QCサークル本部，支部，地区で開催される社外のQCサークル大会などへ積極的に参加すべきである．

⑩ 製造業の製造部門を中心に始められたQCサークル活動は，活動の成果が評価され，1970年代後半から事務部門，営業部門などに普及し，さらに1980年代に入るとサービス業，電力業，建設業，小売業，医療，社会福祉など，多くの業種，部門において活動が推進されるようになった．

⑪ QCサークル活動の結果は，活動の過程および成果をまとめ，発表されるべきである．発表することにより，その成果が上司や他の職場の仲間に認められる．QCサークル推進事務局は，社内QCサークル大会など企画，実行し，発表および表彰の場を設ける必要がある．

第5章のポイント

【1. 第5章で学ぶこと】

(1) **"方針管理"** とは，組織で制定された中・長期経営計画，あるいは年度経営方針を達成するための活動である．

(2) 方針管理における方針は，重点課題，目標とそれを達成するための手段である方策から構成される．これを策定することを **"方針の策定"** という．

(3) 方針に基づく上位の重点課題，目標および方策は，下位の重点課題，目標，および方策へと展開される．このように，方針を具体的な実施計画に結びつける活動を **"方針の展開"** という．

(4) 方針から策定された活動計画の実施結果は，期末にチェックするだけでなく，絶えず目標達成の進捗状況を管理しなければならない．

(5) 方針管理においても，方針の策定，展開，実施，評価の進め方について PDCA を回し，レベルアップを図らなければならない．

(6) **"日常管理"** は，各々の部門が各々の役割を確実に果たすことができるようにするための活動である．日常管理の実施に当たっては，他部門にどのようなもの，サービス，または情報を提供しているかという視点から職務分掌を見直すこと，各々の部門の職務・実力に応じた管理項目・管理水準を定めること，異常が発見された場合の原因追究・処置の手続きおよび役割分担を決めておくことが重要である．現状を維持することが基本的な目的であるが，日常的な改善により，さらに好ましい状態へ改善することも目的に含まれている．

(7) 日常管理では，業務のアウトプットを監視し，管理水準との比較を行い，異常が発生した場合には，その原因を追究し，除去する対策を講じる．講じた対策については，その効果を確認するとともに，関連する作業標準や管理水準の見直し，改訂を行う．

(8) 方針管理では，日常管理の改善のレベルアップ程度ではなく，現状を

打破するレベルの改善を取り上げる．

(9) **"標準化"** とは，実在の問題，または起こる可能性がある問題に関して，与えられた状況において最適な秩序を得ることを目的として，共通に，かつ，繰り返して使用するための記述事項を確立する活動である．

(10) **"社内標準"** とは，個々の会社内でその運営，成果物などに関して定めた標準である．社内標準も国内外の規格と整合・調整をとりながら作成・改訂する必要がある．

(11) わが国では，日本工業規格（JIS）などの**"国家規格"**が制定されている．他に規格（標準）としては，ISOなどの**"国際規格"**，欧州などに見られる**"地域規格"**，事業者団体が制定する**"団体規格"**，企業内で制定される社内標準がある．それぞれの規格の間には整合性が保持されていることが重要である．

(12) **"JIS"** とは，工業標準化法に基づいて制定される日本の鉱工業品に関する国家規格のことであり，正式には日本工業規格という．

(13) **"QCサークル"** とは，第一線の職場で働く人々が，継続的に製品，サービス，仕事などの質の管理・改善を行う小グループ（小集団）である．

(14) QCサークルは，運営を自主的に行い，自己啓発・相互啓発を図る活動である．しかし，管理者は，無干渉，無関心で放任せず，積極的に支援，助言を行うことが要求されている．また，QCサークル推進事務局は，QCサークル活動の推進に必要な教育の計画と実施などを行うとともに，管理者がQCサークル活動へ適切な指導・助言ができるように教育の場を設ける必要がある．

(15) QCサークルは，テーマ完了後も新たなテーマに対して挑戦し，活動を継続する．

【2．理解しておくべきキーワード】

・方針管理　・方針　・重点課題　・目標　・方策　・方針の策定

- 方針の展開　・QC 診断　・日常管理　・管理項目　・管理水準
- 変化点管理　・作業標準　・標準(化)　・社内標準(化)　・国際規格
- 地域規格　・国家規格　・団体規格　・JIS(日本工業規格)
- ISO(国際標準化機構)　・工業標準化法　・QC サークル　・小集団活動
- QC サークル推進事務局　・QC サークル大会

第6章　データの取り方・まとめ方

解答6.1

(1) エ．事実に基づいて　　(2) ウ．データ　　(3) オ．サービス
(4) キ．品質情報　　(5) エ．解析用　　(6) ア．検査用
(7) ウ．管理用

解説6.1

① QC的ものの見方・考え方の一つに**"事実に基づく管理"**がある．事実を正しく判断し，誰でもが共通に認識するためにはデータが必要である．事実をデータにより明らかにすることが品質管理の第一歩である．日々生産される製品の品質特性は常に一定ではなく，ばらつきをもっている．そのばらつき（変動）をデータによって定量的に把握することが重要である．事実に基づく管理は，データを収集して，それらのばらつき（変動）を解析することにより問題点を見つけ，原因を追究し，適切な対策をとることである．これらの活動は管理の基本である．

② 品質を管理するためには，それぞれの場面において適切な目的をもったデータをとらなければならない．データをとる目的は，以下のように大別される．

1) 解析を目的としたデータ

　品質異常が発生したとき，その原因は何であったのかを追究することが必要である．このような問題解決においては，その事実を把握するため，現状の悪さを正しくつかむためにデータをとる必要がある．また，その悪さ（結果）を引き起こしている要因（原因）を追究するためにデータをとる必要がある．このような目的でとるデータは一般に**解析用のデータ**といわれる．

2) 検査を目的としたデータ

　受入検査，工程内検査，出荷検査などにおいて，部品，半製品，完成品な

どの規格への適合を判定するためにとられるデータである．個々の品物について測定された品質特性値を規格値と比べ，品質の良し悪しを判断することや，ロットからサンプリングされたサンプルを検査し，ロットの合格，不合格を判定することなどを目的としたデータは，**検査用のデータ**といわれる．

3) 管理を目的としたデータ

主に，日常の管理において，管理図などで品質特性の日々の変動を調べ，工程に異常があればその原因を追究して対策し，再発防止の処置をとることを目的としたデータである．日常管理のデータの多くは，管理のためのデータである．すなわち，日々の業務や工程に異常が認められなければ，その業務方法や工程を維持し，もし異常が発見されたら業務方法や工程の改善を行う必要がある．このような判断に用いられるデータを**管理用のデータ**という．

解答6.2

(1) キ．母集団　　(2) オ．工程　　(3) カ．無限　　(4) ア．ロット
(5) イ．有限

解説6.2

部品や製品の集まりの中からサンプルをとって測定するのは，サンプルから得られたデータに基づいて部品や製品の集まり（統計学では母集団という）の性質を知り，母集団に対して処置をとるためである．母集団を構成する単位体の数が無限である場合を"**無限母集団**"といい，工程管理や工程解析の処置の対象となる工程は無限母集団と見なす．一方，構成する単位体の数が有限な母集団を"**有限母集団**"といい，抜取検査の処置の対象となるロットのように限られた大きさの母集団は有限母集団となる．

解答6.3

(1)オ．ランダムサンプリング　　(2)ア．確率　　(3)イ．2段サンプリング
(4)ク．1次サンプル　　(5)エ．2次サンプル　　(6)シ．サンプリング誤差
(7)サ．サンプル間　　(8)ケ．測定誤差

解説6.3

　母集団からサンプルをとるとき，すべてのサンプルが同じ確率で採取されるサンプリング方法を"**ランダムサンプリング**"（単純ランダムサンプリング）という．また，"**2段サンプリング**"とは，サンプリングを2段階に分けてサンプリングする方法である．第1段階では母集団をいくつかのサンプリング単位（本問の場合は箱）に分け，その中からいくつかのサンプリング単位をランダムにサンプリングし，1次サンプルとする．第2段階では，1次サンプル内をいくつかのサンプリング単位（本問の場合は部品）に分け，この中からいくつかのサンプリング単位をランダムに2次サンプルとしてサンプリングする．

　母集団からサンプルをとり，サンプルを測定したときには必ずばらつきが伴う．サンプルをとるときのばらつき，すなわちサンプル間のばらつき（サンプリング誤差）と，とられたサンプルを測定するときのばらつき，すなわち測定器や測定者のばらつき（測定誤差）が発生する。安定した工程やロットにおいてサンプリング誤差や測定誤差を正しく把握しておくことは，工程の異常やロットの変化を正しく判定するためにも重要なことである．

解答6.4

(1)イ．計数値　　(2)ア．計量値　　(3)イ．計数値　　(4)イ．計数値
(5)ア．計量値　　(6)イ．計数値　　(7)ア．計量値

第6章　データの取り方・まとめ方

解説6.4

データの種類には，数値データと言語データがある．数値データは，計量値と計数値とに大別される．

① **"計量値データ"** とは，長さ，重さ，時間，温度，湿度，電圧，抵抗，電流などのように，測って得られるデータで，連続的な値をとるデータである．

② **"計数値データ"** とは，不適合品数（不良品数），不適合数（欠点数），失敗数などのように，数えて得られるデータで，不連続な値をとるデータである．

　また，不適合品率（不良率），単位面積当たりのキズの数，収率などのように比率のデータは，その比率を求めるときの分子と分母のデータにより異なる．分子，分母の双方または一方が計量値ならば計量値となり，分子，分母がともに計数値ならば計数値となる．したがって，同じ比率でも不適合品率（不良率）や欠勤率は計数値となり，収率や不純物の含有率などは計量値となる．

解答6.5

(1) ウ．4.2　　(2) ア．3　　(3) サ．38.80　　(4) オ．9.70　　(5) エ．3.11
(6) ク．7

解説6.5

基本統計量の計算は，次のようになる．

① 平均値：平均値＝データの総和÷データの数

$$\bar{x} = \frac{\sum_{i=1}^{n} x_i}{n} = \frac{8+1+7+3+2}{5} = \frac{21}{5} = 4.2$$

となる．

　平均値は，通常，データ数 n が20くらいまでなら測定値の1桁下まで求

め，20以上の場合は2桁下まで求めるのが一般的である．
② メディアン：得られたデータを大きさの順に並べ替えたときの中央の値であり，$\tilde{x}$の記号で示される．データの数が偶数個の場合は，真ん中の隣り合うデータ2個の平均値となる．データを並べ替えると1, 2, 3, 7, 8となることから，メディアンは$\tilde{x}=3$となる．
③ 平方和：平方和＝(各データの値－平均値)^{2}の和
    ＝(各データの値)^{2}の和－(各データの和)^2÷データの数

$$S=\sum(x_i-\bar{x})^2=\sum x_i^2-\frac{\left(\sum x_i\right)^2}{n}$$
$$=8^2+1^2+7^2+3^2+2^2-\frac{(8+1+7+3+2)^2}{5}=127-\frac{21^2}{5}=38.80$$

④ 分散：分散＝平方和÷(データの数－1)
$$V=\frac{S}{n-1}=\frac{38.80}{5-1}=9.70$$

⑤ 標準偏差：標準偏差＝分散の平方根
$$s=\sqrt{V}=\sqrt{9.70}=3.11$$

となる．標準偏差の有効数字は，最大3桁まで求める．

⑥ 範囲：範囲＝最大値－最小値
$$R=x_{max}-x_{min}=8-1=7$$

解答6.6

(1) カ．129.46　　(2) ア．1039.84　　(3) キ．10.50　　(4) エ．3.24

解説6.6

① 平均値：平均値＝(uを0とおいた区間の中心値)＋$\frac{fu\text{の合計}}{\text{データの数}}$×区間の幅

$$\bar{x}=u_0+\frac{\sum fu}{n}h=129.5+\frac{-2}{100}\times 2=129.46$$

第6章 データの取り方・まとめ方

② 平方和：平方和 = $\left\{ fu^2 \text{の合計} - \dfrac{(fu\text{の合計})^2}{\text{データの数}} \right\} \times (\text{区間の幅})^2$

$$S = \left[\sum fu^2 - \dfrac{(\sum fu)^2}{n} \right] h^2 = \left[260 - \dfrac{(-2)^2}{100} \right] \times 2^2 = 1039.84$$

③ 分散：分散 = 平方和 ÷ (データ数 − 1)

$$V = \dfrac{S}{n-1} = \dfrac{1039.84}{100-1} = 10.50$$

④ 標準偏差：標準偏差 = 分散の平方根

$$s = \sqrt{V} = \sqrt{10.50} = 3.24$$

解答6.7

(1) ケ. 48.0　　(2) オ. 35.6　　(3) ウ. 74.2

解説6.7

① 平均値：$\bar{x} = \dfrac{\sum_{i=1}^{n} x_i}{n} = \dfrac{100+20+70+30+20}{5} = \dfrac{240}{5} = 48.0$

② 平方和：$S = \sum (x_i - \bar{x})^2 = \sum x_i^2 - \dfrac{(\sum x_i)^2}{n}$

$$= 100^2 + 20^2 + 70^2 + 30^2 + 20^2 - \dfrac{240^2}{5} = 5080.00$$

標準偏差：$s = \sqrt{\dfrac{S}{n-1}} = \sqrt{\dfrac{5080}{5-1}} = 35.6$

③ 変動係数：$CV = \dfrac{s}{\bar{x}} \times 100 = \dfrac{35.6}{48.0} \times 100 = 74.2 (\%)$

"変動係数"とは，平均値の大きさに対するばらつきの相対的な大きさを示す尺度で，標準偏差を平均値で割って求め，通常％で表す．例えば，陸上競技の100 m走の記録の平均値が16秒，標準偏差が1.6秒とすると，変動係数 CV

は，$1.6/16 \times 100 = 10$（%）となる．一方，市民マラソン（42.195 km）の記録の平均値が 18000 秒，標準偏差が 1800 秒とすると，$CV = 1800/18000 \times 100 = 10$（%）となる．いずれの競技においても，$CV$ は同じ値である．このことは，平均値の小さい 100 m 走では標準偏差も小さく，平均値の大きい市民マラソン（42.195 km）では標準偏差も大きいことを意味している．

このように，変動係数 CV を求め比較することにより，相対的なばらつきの大きさを比較することができる．なお，変動係数は，時間，寸法，重さのように測定値がマイナスをとらない計量値であり，原点 0 に意味をもつ比例尺度のデータに対して適用される．

第6章のポイント

【1. 第6章で学ぶこと】

(1) データの種類には、**"数値データ"** と **"言語データ"** がある。さらに、数値データは、計量値データと計数値データに分類される。

(2) データをとる目的には、現状把握や要因解析を目的とした **"解析用のデータ"**、毎日の工程の変動状況を調べるための **"管理用のデータ"**、資材・部品の受け入れや出荷時に行う検査を目的とした **"検査用のデータ"** がある。

(3) **"母集団"** とは、サンプルやデータにより処置をとろうとする集団のことであり、**"サンプル"** とは、ある目的をもって母集団から採取された母集団の要素である。また、母集団には、**"無限母集団"** と **"有限母集団"** の区別がある。

(4) **"サンプリング"** とは、母集団からサンプルをとる方法をいう。サンプリングには、**単純ランダムサンプリング**、**2段サンプリング**、**層別サンプリング**、**集落サンプリング**などの方法がある。

(5) **"統計量"** とは、測定されたデータから求められる値のことである。分布の中心の位置を示す統計量には、**平均値**、**メディアン**などがあり、分布のばらつきを表す統計量には、**平方和**、**分散**、**標準偏差**、**範囲**などがある。大量のデータ（約50個以上）のときには、度数表を作成してこれらの統計量を求めることもある。

【2. 理解しておくべきキーワード】

・データの種類　・言語データ　・数値データ　・計量値データ
・計数値データ　・データの変換　・母集団　・無限母集団　・有限母集団
・サンプル　・単純ランダムサンプリング　・2段サンプリング
・層別サンプリング　・集落サンプリング　・サンプリング誤差
・測定誤差　・統計量　・平均値　・メディアン　・平方和　・分散
・標準偏差　・範囲　・変動係数　・度数表

第7章　QC七つ道具

> 解答7.1

(1) ウ．特性要因図　　(2) オ．パレート図　　(3) カ．散布図
(4) ア．グラフ　　　　(5) エ．層別　　　　　(6) キ．ヒストグラム
(7) イ．チェックシート

> 解説7.1

① **"特性要因図"** とは，「問題とする特性と，それに影響を及ぼしていると思われる要因との関連を系統的に整理し，魚の骨のような図に体系的にまとめたもの」である．問題解決において，重要な道具の一つである．

② **"パレート図"** とは，「職場で問題となっている不良品や欠点，クレームなどについて，その現象や原因別に分類してデータをとり，不良個数や欠点の件数，損失金額などを多い順に並べて，その大きさを棒グラフで表し，累積比率を折れ線で結んだ図」である．現状把握で用いられることが多い．

③ **"散布図"** とは，「対になった2組のデータ x, y をとり，データ x を横軸に，データ y を縦軸にとり，データをプロットした図」である．散布図上の点の散らばり方により，視覚的に x と y の相関の有無を知ることができる．

④ **"グラフ"** とは，「データの結果を一目でわかるようにした図」である．視覚に訴え，より多くの情報を要約して，より速く，正確に伝えられるようにデータを図示している．

⑤ **"層別"** とは，「母集団をいくつかの層に分類すること」である．目的とする特性に対して，層内がより均一になるように設定し，層間を比較するために用いる．

⑥ **"ヒストグラム"** とは，「データの存在する範囲をいくつかの区間に分け，各区間に入るデータの出現度数を数えて，度数表を作り，それを図にしたもの」である．統計的に区間を分けているので，分布の状態，平均値の中心位

置，データのばらつきについて知ることができる．
⑦ **"チェックシート"** とは，「データが簡単にとれ，そのデータが整理しやすいように設計したり，点検・確認項目のチェックの際，漏れがなく，合理的にチェックできるように，様式化したシート」である．これより，点検・確認項目を漏れなく，手順よく，点検・確認ができる．

解答7.2
(1) ×　　(2) ○　　(3) ×　　(4) ○　　(5) ×　　(6) ○　　(7) ×

解説7.2
① 特性要因図の作成では，自分の考えだけで要因を取り上げるのではなく，取り上げた特性に関わっている職場の人から多くの意見・情報を得て作成するべきである．そうすることで，特性と要因との仮説が設定できる．
② パレート図では，重点指向するために，全体の70〜80％程度を目安に，取り上げる項目を3項目程度選定し，原因の追究，対策の検討・実施を行う．
③ チェックシートの種類として，不適合項目調査用チェックシート，不適合要因調査用チェックシート，度数分布調査用チェックシート，欠点位置調査用チェックシート，点検・確認用チェックシートがあり，工程内で使われることも多い．
④ 折れ線グラフは，時系列の動向・変化の判断がしやすく，円グラフは全体の各項目の割合がつかめる．データの特性から，どのような観点で視覚化をしたいかを考えて，適切なグラフを作成する必要がある．
⑤ 原料と最終生成物の関係を知りたい場合は，原料に関する測定値 x を横軸とし，最終生成物に関する測定値 y を縦軸とする散布図を作成する．散布図の作成に際しては，原因系（原料）の測定値を横軸に，結果系（最終生成物）の測定値を縦軸に設定するのが一般的である．
⑥ データを固有技術の観点から，どのような分布であるかを仮定し，ヒスト

グラムにより，検証することは大切である．
⑦ 単にデータだけを見て層別すると，固有技術的に整合性のない場合もあるので，固有技術の観点からも考える必要がある．

解答7.3

(1) カ．重点指向　　(2) オ．大部分　　(3) エ．影響　　(4) ケ．ジュラン
(5) コ．上位

解説7.3

① パレート図は QC 的ものの見方・考え方の重点指向に焦点をおいた手法であり，現状把握の際，不適合項目別に分類することで，上位項目を重点指向の目安にする．
② パレート図は，「不適合品数や損失金額の大部分は，多くの項目のうちごくわずかの項目によって占められる」という考え方が重点指向の基本となっている．この考えは "**パレートの法則**" と呼ばれている．
③ ②のことは，問題解決のテーマ選定では，影響の小さい多くの項目 (trivial many) よりも，少数の問題となる項目 (vital few) を選んで，取り上げることが効果的であることを意味している．
④ ジュラン (J. M. Juran) は，このパレートの考え方を応用して，品質管理の分野にも適用できることを考え，パレート図と呼んで，問題解決の道具として普及させた．
⑤ パレート図を描いた際，「その他」の項目が多い場合は，「その他」の区分の方法や，分類項目の構成，すなわち層別および分類の考え方を再考する必要がある．

第7章　QC七つ道具

解答7.4

(1) ウ．1～3カ月程度　　(2) エ．最後　　(3) ク．不適合件数
(4) カ．累積不適合件数　(5) シ．棒グラフ　(6) コ．折れ線グラフ

解説7.4

① データの採取期間は一般的に1～3カ月程度である．なお，不適合の個数や顧客の視点から短期間でもよい．
　"パレート図の作り方"は，以下の手順である．
　　手順1：データを集める
　　手順2：データを分類する
　　手順3：出現度数（例えば，不適合件数）の大きい順に項目を並べる
　　手順4：不適合件数を棒グラフで表す
　　手順5：累積比率を折れ線で表す
　　手順6：必要事項を記入する

② データを集め，分類し，出現度数の大きい順に項目を並べる際，「その他」の項目は，その他の項目より少ない不適合項目がある場合でも，最後におく．

③ 表7.1のデータ表の比率は，（不適合件数／不適合件数合計）× 100で求める．累積比率は，（累積不適合件数／不適合件数合計）× 100で求める．これらを計算し，不適合件数と累積比率をもとに，パレート図を作成する．

④ 表7.1の各データに基づき，グラフ用紙に，左縦軸に不適合件数を目盛り，横軸に分類項目（不適合項目）を不適合件数の大きい順に記入し，各項目に，不適合件数の棒グラフを描く．なお，各棒グラフは，棒と棒の間隔を空けないで，柱を描く．

⑤ 表7.1の各データに基づき，右縦軸に累積比率を目盛り，累積比率を折れ線グラフで描く．パレート図には必ず必要事項（表題，データ採取期間，担当者，データの総数）を記入しておく．

解答7.5

(1) ク．知識　　(2) キ．水準　　(3) イ．ブレーン・ストーミング
(4) ア．展開　　(5) コ．要因

解説7.5

① 特性要因図を作成するときは，その特性に関係する人が集まり作成するので，全員の知識の集積と整理に効果的であり，現状の様子を把握することができる．
② 特性に対して，着目した要因の水準を上げたり下げたりした場合，特性に影響を及ぼすか否かを検討し，特性値の平均値やばらつきに起こっている問題の原因を追究し，対策を立てていく．
③ 不適合品などの不具合が発生したときに，その原因について，ブレーン・ストーミングなどの方法で多くの意見を出し合う必要がある．ブレーン・ストーミングでは，批判厳禁，自由奔放，量を求む，結合改善という4つの規則があり，これらを理解しながら進めていくとよい．
④ 特性要因図では具体的なアクションをとれる要因まで展開することにより，具体的な原因の追究に結び付けることができる．
⑤ 不適合発生などの問題が生じた際には，必ず特性要因図に戻り，要因の特定につなげる．新たに付け加える必要があれば，要因を加え，改訂し，現在よりも充実した特性要因図を作ることを考える．

解答7.6

(1) エ．4M　　(2) オ．悪さ　　(3) コ．結果　　(4) ケ．品質
(5) カ．重みづけ

解説7.6

① 大骨としては，4M（人，機械，材料，方法）の視点から作業者，スタッフ全員が集まり，ブレーン・ストーミングを行い，まとめた．
② 品質特性を決める際，品質特性を表す表現は，特性名にするか，結果の悪さを表す表現とし，それを起こしている原因追究に結びつくような展開を考える必要がある．
③ 特性要因図を作ることは，原因と結果の因果関係を体系的に整理することになるので，作ること自体が，現状把握の観点から見ても重要である．
④ 特性の例としては，品質，原価，能率，安全，モラールなどに関するものが多く，仕事の結果として表すものが多い．
　　"**特性要因図の作成手順**"は以下のようになる．
　　　手順1：問題とする特性を決める
　　　手順2：特性と背骨を描く
　　　手順3：大骨を記入する
　　　手順4：中骨，小骨，孫骨を記入する
　　　手順5：要因に漏れがないかチェックする
　　　手順6：重要と考えられる要因に印（○で囲む）をつける
　　　手順7：関連事項を記入する
⑤ 特性要因図では，要因を挙げるだけでなく，仮説・検証や重点指向をするため，要因の重みづけが必要である．このことは，要因解析や対策の際の優先順位を決める手がかりとなる．なお，重みづけは，多数のメンバーの参加により，意見を求め，重要と考えられる要因に印をつけたり，順番をつける．

解答7.7

(1) エ．点検用　　(2) キ．分布　　(3) オ．スキャンエラー
(4) イ．パレート図　(5) サ．層別

解説7.7

① チェックシートの種類は，大別して調査用と点検用があり，工程内や製品の最終検査など，多くの場面，場所で活用されている．

② 調査用は，理論や過去の経験から，分布の状態や不適合・不適合項目が，どこに，どれだけ発生しているかなどを調査する．一方，点検用は，あらかじめ決められた点検項目について点検・確認し，その結果をチェックする．これらは，作業を確実に実施するために用いられている．

③ **表7.2**は不良項目調査用チェックシートの一例である．このチェックシートからも，不適合の発生の状態が一目でわかる．このようにチェックシートを描くことで，全体像がわかる場合も多く，問題解決のヒントとなることが発見できる．

④ チェックシートから曜日別，不適合項目別のパレート図を作ることができる．チェックシートの作成に当たっては，層別の考え方が大切である．以下にチェックシートの作り方のポイントを示す．

- 目的に合ったものを作成する．
- データが簡単に記入できるように工夫し，文字，数字の記入ではなく，○，×，✓，///，正，などの記号で記入するようにする．
- 点検用チェックシートは，点検項目の順番を作業の順番と合わせるようにする．
- チェック項目は常に見直しを行い，必要により改訂する．

解答7.8

(1)オ．不適合要因　(2)イ．点検・確認　(3)エ．欠点位置
(4)ウ．不適合項目　(5)ア．度数分布

第7章　QC七つ道具

> 解説7.8

① **"不適合要因調査用チェックシート"** は，不適合品の発生状況を要因別に分類し，不適合要因を機械別，作業者別，材料・部品別，作業方法別などに層別し，不適合要因をつかむときに大変便利である．
② **"点検・確認用チェックシート"** は，運用上，点検・確認項目を漏れなくチェックするためのチェックシートである．
③ **"欠点位置調査用チェックシート"** は，製品の図を用意しておき，これに欠点(不適合)の位置をチェックしていくもので，欠点の発生箇所を調べるときに使う．
④ **"不適合項目調査用チェックシート"** は，どんな不適合項目が多く発生しているかを調べるものである．
⑤ **"度数分布調査用チェックシート"** は，特性値に関して分布の形，分布の中心位置，ばらつき具合，設定されている規格との関係など，分布の状況や比較をしたいときに使われる．

> 解答7.9

(1) キ．度数　　(2) エ．級の幅　　(3) カ．規格下限　　(4) イ．規格上限

> 解説7.9

　"ヒストグラム" は，JIS Q 9024：2003 によれば，「計測値の存在する範囲を幾つかの区間に分けた場合，各区間を底辺とし，その区間に属する測定値の度数に比例する面積をもつ長方形を並べた図」と定義されている．なお，区間を **"級"** といい，級に属するデータの数を **"度数"** という．さらに，級の境界を示す値を **"境界値"** といい，区間の幅(境界値と次の境界値との差)を **"級の幅"** という．
　ヒストグラムでは，中心の位置やばらつきの状態，不適合品の現れ方を見る

ことができる．不適合品の判定基準を"**規格**"という．規格には"**規格上限**"と"**規格下限**"があり，規格上限を上回るもの，規格下限を下回るものは不適合品と判定する．なお，規格値は，上側または下側の片側だけに設定される場合もある．

解答7.10

(1) イ．39.7   (2) オ．30.6   (3) キ．9.1   (4) エ．5   (5) ケ．1.8
(6) ウ．30.55

解説7.10

① 範囲の値は，最大値と最小値の差である．この例では，39.7 − 30.6 = 9.1 となる．

② 仮の級の数は，データ数の平方根とする．したがって，$\sqrt{30} = 5.48$ であり，丸めて5となる．級の幅は $\dfrac{範囲}{仮の級}$ である．すなわち，$\dfrac{9.1}{5} = 1.82$ であり，丸めて1.8となる．

級の境界値がデータの値と一致することを避けるため，級の境界値は測定単位の $\dfrac{1}{2}$ の大きさだけずらして決める．

よって，(最初の級の下限値) = 最小値 − $\dfrac{測定単位}{2}$ なので，$30.6 - \dfrac{0.1}{2} = 30.55$ になる．

解答7.11

(1) エ   (2) イ   (3) オ   (4) カ   (5) ク   (6) キ

解説7.11

① 部品寸法のヒストグラムにおいて，12個だけ離れ小島になっている．規格外れが出ているヒストグラムはアかエであるが，規格下側外れなので，正解はエである．このヒストグラムの形を**"離れ小島形"**という．

② ボルトを選別したのでヒストグラムはイかウの絶壁形になる．さらに規格上限を上回ったものを取り除いたので，正解はイである．このヒストグラムの形を**"右絶壁形"**という．

③ 品質特性のねらい値が異なる品種が30個混ざったので，ヒストグラムはふた山になる．したがって，選択肢から正解はオとなる．このヒストグラムの形を**"ふた山形"**という．

④ 一般的には，工程が安定状態であり，分布の中心は規格幅のほぼ中央にあり，度数は中心付近がもっとも多く，中心から離れるに従って徐々に少なくなっているので，ヒストグラムは正規分布になる．ただし，粒度や不良率などは除く．選択肢から正解はカとなる．このヒストグラムの形を**"一般形（正規分布形）"**という．

⑤ ヒストグラムを描くとき，級の幅の計算を間違えると，データが極端に少なかったり，多かったりする級が出現する．したがって，正解はクになる．このヒストグラムの形を**"歯抜け形"**という．

⑥ 平均値とばらつきが異なる母集団の分布をひとつにすると，高原のように高さがそろった形になる．したがって，正解はキになる．このヒストグラムの形を**"高原形"**という．

解答7.12

(1) キ．一般形　　(2) イ．B　　(3) ケ．標準偏差　　(4) ク．平均値

解説7.12

① 全ライン合計のヒストグラムは，**図7.8**のように少し崩れた一般形に近い形になっている．3ラインのヒストグラムが，平均値，標準偏差ともにかなり違っているのでこのような形になってしまった．

② 各ラインごとにデータを層別してヒストグラムを作成すると，Aラインのヒストグラムは**図7.5**になり，すぐに改善の必要はない．Bラインのヒストグラムは**図7.6**となり，規格上限外れが見られるが，規格下限外れはない．したがって，平均値を下げる調整により，規格内に収めることができる．Cラインのヒストグラムは**図7.7**になり規格下限，規格上限の双方で規格外れが見られる．したがって，標準偏差を改善する必要がある．

解答7.13

(1) エ　　(2) イ　　(3) カ　　(4) ア　　(5) オ　　(6) ウ

解説7.13

① **"散布図"**は，JIS Q 9024：2003によれば，「二つの特性を横軸と縦軸とし，観測点を打点して作るグラフ」とある．この例では，売上数が伸びると売上高が上がるとのことなので，来客数を横軸，売上高を縦軸にとると，散布図の点は，直線的に右肩上がりとなる．したがって，来客数と売上高の間には正の相関がある．答えは，エである．

② 横軸に反応温度，縦軸に収率をとると，この例の散布図の点はある温度でピークを示す曲線関係になる．これを**"曲線相関"**という．答えは，イである．

③ 横軸に気温，縦軸にホットコーヒーの売上高をとると，この例の散布図の点は直線的に右肩下がりの傾向を示す．したがって，気温とホットコーヒーの売上高の間には負の相関がある．答えは，カである．

④ 横軸にチラシの配布枚数，縦軸に来客数をとると，この例の散布図は右肩上がりの傾向を示す．ただし，高級和牛の特売品を掲載したときは極端に来客数が増えるので，外れ値を含んだ散布図となる．答えは，アである．
⑤ 横軸に気温，縦軸におでんの売上高をとると，気温が低い冬場の売上高が圧倒的に高くなるため，この例の散布図の点は2つのグループに分かれる．答えは，オである．
⑥ 横軸に身長，縦軸に数学の得点をとると，この例の散布図の点は無関係な状態を示す．これを"**無相関**"という．答えは，ウである．

> 解答7.14

(1)×　　(2)×　　(3)○　　(4)×　　(5)○

> 解説7.14

① A，B 2つのラインからとった部品を重量の小さい方から大きい方へ順に並べても，対になった20組のデータとはいえない．したがって，散布図を描いても意味がない．
② 外れ値になっている点が1つある．この原因を調べ，明らかに異常であれば，このデータを外す必要がある．その確認をとらずに相関分析を行うことはよくない．
③ 2つの母集団からとった20個ずつのデータは，グラフを見ると2つに層別できそうである．したがって，それぞれの母集団ごとに散布図を作成すべきである．
④ **図7.13**は，3次関数のような曲線を描いている．したがって，曲線回帰で解析する必要がある．
⑤ **図7.14**は，明らかに負の相関がありそうである．したがって，この判断は正しい．

解答7.15

(1) ウ．視覚的　　(2) イ．直感的　　(3) オ．帯グラフ
(4) ク．ガントチャート　(5) カ．レーダーチャート　(6) エ．折れ線グラフ
(7) キ．円グラフ　　(8) ア．棒グラフ

解説7.15

① **"グラフ"** とは，「データを図の形に表して，数量や割合の大きさを比較し，数量の変化する状態を，視覚的にわかりやすくする目的で作成されるもの」であり，棒グラフや折れ線グラフなど，データの特性に応じてグラフを作成する．

② グラフの利点は，ひと目で見て，直感的に理解でき，去年や今年など，データの対比がしやすく，さらにグラフはデータの数値の羅列ではないので，見る人が理解しやすく，興味をもってもらえる点である．

③ **"帯グラフ"** は，全体を細長い長方形の帯で表し，それを内訳構成比率に相当する長さで区切ったものである．2つ以上の帯グラフを描いた場合，グラフ間の対応した内訳の境界を線で結ぶことで比較が容易となる．

④ **"ガントチャート"** は，棒線を用いて，各項目の開始時点，終了時点を表すものである．

⑤ **"レーダーチャート"** は，中心点から分類項目の数だけレーダー上（放射線状）に直線を伸ばし，線の長さで数量の大きさを示すものである．

⑥ **"折れ線グラフ"** は，打点の高低で数量の大小を比較するとともに，時間の経過による変化を見るものである．

⑦ **"円グラフ"** は，全体を円で表し，内訳の部分の割合に相当する面積を扇形に区切ったものである．

⑧ **"棒グラフ"** は，一定の幅の棒を並べ，その棒の長さによって数量の大小を比較するものである．

解答7.16

(1)エ．D　　(2)ウ．C　　(3)イ．B　　(4)ア．A　　(5)オ．その他

解説7.16

図 **7.15** をデータ表に表すと，表 **7.4** のようになる．

① 半分になっているのは D であり，10 から 5 へ変化している．
② 増加しているのは C であり，0 から 35 へ変化している．
③ 変化がないのは B であり，30 から 30 へと変化がない．
④ もっとも減少しているのは A であり，45 から 20 と，25 減少している．
⑤ 改善前の D と同じ項目は，「その他」であり，10 である．

表 7.4　データ表

単位：%

	不適合項目の割合				
	A	B	C	D	その他
改善前	45	30	0	10	15
改善後	20	30	35	5	10

第7章のポイント

【1. 第7章で学ぶこと】
(1) "QC七つ道具"は，パレート図，特性要因図，チェックシート，ヒストグラム，散布図，グラフ，管理図（グラフ・管理図として，層別を加え七つ道具とする場合もある）からなり，品質管理における問題解決の場面で頻繁に用いられる．

(2) "パレート図"とは，「問題となっている不良品や欠点，クレームなどについて，その現象や原因別に分類してデータをとり，不良個数や欠点の件数，損失金額などを多い順に並べて，それを棒グラフと累積比率の折れ線で結んだ図」である．

(3) パレート図では，重点指向をするため，全体の70～80％程度を目安に，3項目程度選定し，原因の追究，対策の検討・実施を行う．

(4) "特性要因図"とは，「問題とする特性と，それに影響を及ぼしていると思われる要因との関連を系統的に整理し，魚の骨のような図に体系的にまとめたもの」である．

(5) 特性要因図を作ることは，原因と結果の因果関係を体系的に整理することになる．

(6) "チェックシート"とは，「データが簡単にとれ，そのデータが整理しやすいように設計したり，点検・確認項目のチェックの際，漏れがなく，合理的にチェックできるように，様式化したシート」である．

(7) チェックシートの種類は，大別して調査用と点検用がある．

(8) チェックシートから不適合の発生の状態などが一目でわかるようにする．このようなチェックシートを作ることで，全体像がわかる場合も多く，問題解決のヒントが発見される．

(9) "ヒストグラム"とは，「データの存在する範囲をいくつかの区間に分けて，その各区間に入るデータの出現度数を数え，度数表を作り，図にしたもの」である．

(10) **"散布図"** とは,「対になった2組のデータ x, y をとり,x を横軸に,y を縦軸にとり,データをプロットした図」である.

(11) **"グラフ"** とは,「データを図の形に表して,数量や割合の大きさを視覚的にわかりやすく,比較する目的で作成されるもの」である.

(12) **"層別"** とは,「母集団をいくつかの層に分類すること」である.

【2. 理解しておくべきキーワード】

・QC 七つ道具　・パレート図　・パレートの法則
・ジュラン(J. M. Juran)　・重点指向　・特性要因図
・4M(人,機械,材料,方法)　・ブレーン・ストーミング
・チェックシート　・ヒストグラム　・規格上限　・規格下限　・平均値
・標準偏差　・度数　・級の幅　・散布図　・グラフ　・帯グラフ
・ガントチャート　・レーダーチャート　・折れ線グラフ　・円グラフ
・棒グラフ　・層別

第8章　新QC七つ道具

解答8.1

(1)オ．言語　　(2)ウ．情報　　(3)キ．顧客ニーズ　　(4)エ．ネック技術

解説8.1

"新 QC 七つ道具"は，1970年代に日本で開発された QC 手法であり，QC 七つ道具とともに問題解決や課題達成の有効な手法として広く活用されている．数値データでは表現しにくいあいまいな事象の解析や，さらには新製品開発における顧客ニーズの把握，要求品質の展開，ネック技術の解決などによく用いられ，言語データのもつ特徴を活かして論理的に整理する有効な手法である．

解答8.2

(1)ケ．親和図法　　　　　(2)ウ．連関図法　　　(3)オ．系統図法
(4)ク．マトリックス図法　(5)イ．PDPC 法
(6)コ．アローダイアグラム法　(7)ス．マトリックス・データ解析法

解説8.2

"新 QC 七つ道具"は，親和図法，系統図法，連関図法，マトリックス図法，PDPC 法，アローダイアグラム法，マトリックス・データ解析法の7つで構成されている．

① **"親和図法"** は，漠然とした大量の言語データに対して，これら言語データを親和性に基づいて統合することにより，いくつかの集団にまとめ，言語

データを整理し，全体像を明らかにしていく手法で，連関図法とともに広く活用されている手法である．
② "**連関図法**"は，特性要因図と類似の目的で用いられる手法で，特性に影響を与えている原因系の複雑性を整理する手法として広く活用されている．原因間の関連性が矢線で展開されることにより，因果関係が具体的に整理できる．
③ "**系統図法**"は，対策案を抽出するための方策展開の際によく用いられ，解決すべき主要方策を設定し，具体策を１次手段，２次手段と展開して，より可能性と効果が期待できる具体策へと整理する場合に多く用いられる．
④ "**マトリックス図法**"は，問題にとって着目すべき事象や要素を行の項目と列の項目に配置し，要素と要素の交点で互いの関連の有無や関連の度合いを図示し，問題の構造を明らかにする手法である．
⑤ "**PDPC法**"は，Process Decision Program Chart の略で，問題を解決していくプロセスにおいて，不確定要素が多く存在する場合，どのような事態になっても目標達成が可能となるように，予見やリスクを情報として，成功のパターンをあらかじめ明らかにしておく手法で，新製品開発や新技術開発によく用いられる．
⑥ "**アローダイアグラム法**"は，プロジェクトや複雑な工程を進めていく場合に使われ，進捗管理を確実に行うための必要な手順を矢線と結合点で表し，最適な日程計画の順守を確実にする手法である．
⑦ "**マトリックス・データ解析法**"は，新QC七つ道具の中で，唯一，数値データの解析手法で，多変量解析法として分類される主成分分析のことである．多次元の数値データについて，変数間の相関関係を利用して，少変数の次元に縮小して，複雑な事象をわかりやすくする手法である．

解答8.3

(1) オ．原因　　(2) ウ．因果関係　　(3) イ．１次原因　　(4) ク．絞り込み

解説8.3

　新 QC 七つ道具の中でも，連関図法はよく使われる手法である．不良や不具合の原因を探索したい場合や，問題の構造を明らかにし，結果と原因，あるいは，目的と手段の関係が複雑に絡み合っている場面において，その整理に有効な手法である．

第8章のポイント

【1. 第8章で学ぶこと】

(1) **"新QC七つ道具"** とは，言語データを情報源とした問題解決の手法である．マネジメントを実践していく場面では，一般に複雑な問題が絡み合っていることが多く，数値データで表現することが困難な場合が多い．このようなとき，新QC七つ道具は有効な手法として活用できる．新QC七つ道具の種類は，親和図法，連関図法，系統図法，マトリックス図法，アローダイアグラム法，PDPC法，マトリックス・データ解析法の7つで構成されている．

(2) **"親和図法"** とは，漠然とした大量の言語データに対して，これらの言語データを親和性に基づいて統合することにより，いくつかの集団にまとめ，全体像を明らかにしていく手法である．

(3) **"連関図法"** とは，特性要因図と類似の目的で用いられ，原因と結果の関連性を矢線で展開することにより，因果関係が具体的に整理できる手法である．

(4) **"系統図法"** とは，対策案を抽出する方策展開のために多く用いられ，左端中央に解決すべき課題を置き，具体策を1次手段，2次手段へと展開して，実現性と効果が期待できる具体策へと整理する手法である．

(5) **"PDPC法"** とは，問題を解決していくプロセスにおいて，目標達成が可能となるように予見やリスクを明らかにし，対策を事前に想定することにより，成功へのルートを導き出す手法である．

【2. 理解しておくべきキーワード】

・言語データ　・新QC七つ道具　・親和図法　・連関図法　・系統図法
・マトリックス図法　・アローダイアグラム法　・PDPC法
・マトリックス・データ解析法

第9章　統計的方法の基礎

解答9.1

(1) ウ．左右対称　　(2) ク．母数　　(3) キ．$u = \dfrac{x - \mu}{\sigma}$　　(4) ア．標準化

(5) シ．0.0250　　(6) エ．0.0228　　(7) ソ．1.645　　(8) セ．1.282

(9) ス．0.1587　　(10) オ．0.0013

解説9.1

① 計量値として得られるデータの母集団分布において，分布の形は左右対称で中心付近の度数が多く，中心から離れるほど度数が少なくなるという分布を示すことが多い．このような分布を正規分布という．

② 正規分布の確率密度関数は，$f(x) = \dfrac{1}{\sqrt{2\pi}\sigma} e^{-\dfrac{(x-\mu)^2}{2\sigma^2}}$ であり，この関数で用いられている μ と σ は母数であり，この2つの値によって分布の形は決まる．

③ μ と σ の値が変わることにより，さまざまな分布形状となる．確率変数 x が $N(\mu, \sigma^2)$ の正規分布に従うとき，$u = \dfrac{x - \mu}{\sigma}$ の式により標準化すると，u は $N(0, 1^2)$ の標準正規分布に従う．

④ 付表の正規分布表（Ⅰ）から，$K_p = 1.96$ のとき P は 0.0250 であり，$K_p = 2.00$ のとき P は 0.0228 である．また，正規分布表（Ⅱ）から，$P = 0.05$ のとき K_p は 1.645 であり，$P = 0.10$ のとき，K_p は 1.282 である．

⑤ それぞれの確率は，

$$P_r(x \geq 52) = P_r\left(u \geq \dfrac{52 - 50}{2} = 1.00\right) = 0.1578,$$

$$P_r(x \geq 56) = P_r\left(u \geq \dfrac{56 - 50}{2} = 3.00\right) = 0.0013 \quad \text{となる．}$$

解答9.2

(1) ウ．確率変数　　(2) イ．総数　　(3) オ．0.265　　(4) キ．正規分布

解説9.2

① 無限母集団から n 個のランダムサンプリングを行い，その中に含まれる不適合品の個数を x とする．x は確率変数であり，0, 1, 2, …, n の値のいずれかをとる．このとき，x は二項分布に従い，その確率分布は次の式により与えられる．

$$P_x = {}_nC_x P^x (1-P)^{n-x} \quad (x=0, 1, \cdots, n)$$

P は母不適合品率である．また，${}_nC_x$ は n 個のうち異なる x 個をとってできる組合せの総数を表し，次の式により求められる．

$${}_nC_x = \frac{n!}{x!(n-x)!}$$

ただし，$n! = n \times (n-1) \cdots 3 \times 2 \times 1$，また，$0! = 1$ である．

② 母不適合品率 $P = 0.30$ の工程から，サンプルを4個抜き取ったとき，サンプルの中に不適合品数が2個現れる確率を求めると，0.265 となる．

$$P_x = P_2 = {}_4C_2 P^2 (1-P)^{4-2} = \frac{4!}{2!(4-2)!} 0.30^2 (1-0.30)^{4-2}$$

$$= \frac{4 \times 3 \times 2 \times 1}{2 \times 1 \times 2 \times 1} \times 0.090 \times 0.70^2 = 0.2646 \rightarrow 0.265$$

③ 二項分布は，$nP \geq 5$ かつ $n(1-P) \geq 5$ のとき，正規分布近似ができる．

第9章のポイント

【1. 第9章で学ぶこと】

(1) 計量値として得られるデータの母集団分布において、一般形で左右対称の分布を示すことが多い。このような分布を正規分布という。

(2) 正規分布の確率密度関数は、$f(x) = \dfrac{1}{\sqrt{2\pi}\sigma} e^{-\dfrac{(x-\mu)^2}{2\sigma^2}}$ であり、この関数で用いられている母平均 μ、母標準偏差 σ の2つの母数によって分布の形は決まる。

(3) 確率変数 x が $N(\mu, \sigma^2)$ の正規分布に従うとき、$u = \dfrac{x-\mu}{\sigma}$ の式で標準化すると、u は $N(0, 1^2)$ の標準正規分布に従う。

(4) 付表の正規分布表(Ⅰ)より、K_p から P が求められ、正規分布表(Ⅱ)より、P から K_p を求めることができる。

(5) $P_r(x \geq S)$ は、$P_r\left(\dfrac{x-\mu}{\sigma} \geq \dfrac{S-\mu}{\sigma}\right) = P_r\left(u \geq \dfrac{S-\mu}{\sigma}\right)$ のように求められる。

(6) 二項分布の確率分布は次の式により与えられる。

$$P_x = {}_nC_x P^x (1-P)^{n-x} \quad (x = 0, 1, \cdots, n)$$

ここで、${}_nC_x$ は、

$${}_nC_x = \dfrac{n!}{x!(n-x)!}$$

$$= \dfrac{n \times (n-1) \times \cdots \times 3 \times 2 \times 1}{x \times (x-1) \times \cdots \times 1 \times (n-x-1) \times (n-x-2) \times \cdots \times 1}$$

として求められる。また、$0! = 1$ である。

(7) 二項分布は、$nP \geq 5$ かつ $n(1-P) \geq 5$ のとき、正規分布近似できる。

【2. 理解しておくべきキーワード】

・確率変数　・正規分布　・確率密度関数　・母数　・標準化
・標準正規分布　・二項分布　・正規分布近似

第10章　管理図

解答10.1

(1) ウ. 0.20　　(2) イ. 7.44　　(3) ア. 7.80　　(4) キ. 7.10　　(5) エ. 1.29
(6) オ. 示されない

解説10.1

① **"管理図"** は，JIS Q 9024：2003 によれば，「連続した観測値又は群にある統計量の値を，通常は時間順又はサンプル番号順に打点した，上側管理限界線，及び／又は，下側管理限界線をもつ図」と定義されている．$\bar{X}-R$ 管理図は代表的な管理図で，管理項目が計量値データで管理されている場合に用いられる．

表10.1 のデータで $\bar{X}-R$ 管理図を作成するには，まず群番号ごとに，平均値と範囲を計算する．群番号 No.2 の範囲は，最大値－最小値であるため，

$$R = 7.6 - 7.4 = 0.20$$

となる．群番号 No.25 の平均値は

$$\bar{X} = \frac{(7.3 + 7.4 + 7.3 + 7.3 + 7.9)}{5} = 7.44$$

になる．なお，平均値は元のデータの 2 桁下まで求めて 1 桁下に丸める．

② $\bar{X}$ 管理図の上側管理限界 UCL は，

$$UCL = \bar{\bar{X}} + A_2 \bar{R} = 7.45 + 0.577 \times 0.61 = 7.80$$

となる．同様に，下側管理限界 LCL は

$$LCL = \bar{\bar{X}} - A_2 \bar{R} = 7.45 - 0.577 \times 0.61 = 7.10$$

となる．R 管理図の上側管理限界（UCL）は

$$UCL = D_4 \bar{R} = 2.115 \times 0.61 = 1.29$$

となり，下側管理限界（LCL）は，

$$LCL = D_3 \bar{R}$$

と D_3 が－（ハイフン）であるため，示されない．

なお，A_2，D_4，D_3 の各値は，**表10.2** の $n=5$ から読みとる．

解答10.2

(1) ウ　　(2) オ　　(3) ア　　(4) エ　　(5) イ

解説10.2

① ウは，一定の間隔で温度変化などが起きており，それが工程に影響を与えているとき，管理図は周期変動する．この例では，5～6打点ごとに特性値が，周期変動している．
② オは，この管理図では，群番号3～10で上昇傾向を示している．
③ アは，工程の状態が安定しており，傾向変動，周期変動，管理限界を越える，および管理限界近辺にデータが集中するなどのようなケースが見当たらない．各点はランダムに変動している．
④ エは，点が管理限界ギリギリになっている状態を示す．群番号4～6または群番号17～19のように，3点中2点が管理限界線に近いところにある．
⑤ イは，点が中心線近くに集中している．安定状態であれば確率的には限界線近くに点が現れる場合もある．しかし，そのような点は見当たらない．

以上のように，①，②，④，⑤の場合は工程に何らかの異常が発生していると判定できる．

解答10.3

(1) ×　　(2) ×　　(3) ○　　(4) ×　　(5) ○

解説10.3

① 工程の異常とは，日々の変動の積み重ねなので，R 管理図の群内変動が $\overline{X}$ 管理図の群間変動につながる．したがって，異常原因は群内変動に潜んでいる可能性があるので，設問①は正しくない．

② $\overline{X}$ 管理図の上側管理限界(UCL)は，$UCL = \overline{\overline{X}} + A_2\overline{R}$，同様に下側管理限界(LCL)は，$LCL = \overline{\overline{X}} - A_2\overline{R}$ で計算する．したがって，R 管理図の $\overline{R}$ の影響を受けるので，設問②は正しくない．

③ 工程改善をしたときは，工程の状態が変わる．20日間ほどデータを収集し，管理限界を再計算する必要があるので，設問③は正しい．

④ 管理図は，工程に異常が発生する前に，点の変動を見ながら，異常の予兆を把握し，未然防止のために使われる．したがって，設問④は正しくない．

⑤ $\overline{X}$ 管理図の中心線近くの点が多く，管理限界線内で，周期変動，上昇・下降の傾向などもなく，ランダムに点が散在している状態が管理状態である．したがって，中心線近くに点が集中しているのは，異常が発生している可能性があるので，設問⑤は正しい．

解答10.4

(1) ア．np 管理図　　(2) オ．二項　　(3) カ．不適合品率
(4) エ．p 管理図　　(5) ク．大きさ

解説10.4

① 計数値の管理図には，不適合品数を扱う np 管理図がある．np 管理図は群の大きさ n が一定の場合に用いられる．np 管理図では，不適合数 np が二項分布に従うとして管理線を求めている．

② 群の大きさが一定でない場合には，各群ごとに不適合品率 p を求め，p 管理図を作成する．p 管理図の管理限界は群の大きさによって異なるので，

群の大きさごとに計算する必要がある．

第10章のポイント

【1. 第10章で学ぶこと】

(1) **"管理図"** とは，「工程における偶然原因による変動と異常原因による変動を区別して，工程を管理するための時系列の推移グラフ」である．

(2) 管理図には多くの種類がある．計量値の管理図として代表的なものとして平均値と範囲の $\bar{X}-R$ 管理図，計数値である不適合品数の np 管理図，不適合品率の p 管理図などがある．

【2. 理解しておくべきキーワード】

・管理図　・上側(上方)管理限界　・下側(下方)管理限界　・群内変動
・群間変動　・層別　・$\bar{X}-R$ 管理図　・np 管理図　・p 管理図

第11章　工程能力指数

解答11.1

(1) オ．品質特性　　(2) ク．尺度　　(3) ア．s

(4) ケ．$C_p = \dfrac{S_U - S_L}{6s}$　　(5) エ．$C_p = \dfrac{\bar{x} - S_L}{3s}$　　(6) カ．$C_{pk} = \left\{ \dfrac{\bar{x} - S_L}{3s}, \dfrac{S_U - \bar{x}}{3s} \right\}$

(7) シ．小さいほう　　(8) カ．安定状態　　(9) イ．異常

(10) ク．$\bar{X} - R$ 管理図　　(11) エ．十分すぎる　　(12) ア．十分にある

(13) キ．まずまずである　　(14) オ．不足している

(15) サ．非常に不足している

解説11.1

① 工程の作り込み品質を評価する尺度として，工程能力指数がある．ばらつきが少なく，規格に適合する品質を作り込む工程は，工程能力がある工程といわれている．工程能力指数とは，ある工程で作られる製品(部品)の品質特性を，どれだけばらつきなく均一に作ることができるかを評価する尺度のことをいう．この計算式は，データから計算された $\bar{x}$ と s を用いて，品質特性に与えられた規格との比較で計算される．

　　両側規格の場合は，$C_p = \dfrac{S_U - S_L}{6s}$ で，片側規格(下限規格)の場合は，$C_p = \dfrac{\bar{x} - S_L}{3s}$ で，片側規格(上限規格)の場合は，$C_p = \dfrac{S_U - \bar{x}}{3s}$ で計算される．

　　また，両側規格で分布のかたより(分布の中心が規格の中心からずれているとき)が存在する場合は，$C_{pk} = \left\{ \dfrac{\bar{x} - S_L}{3s}, \dfrac{S_U - \bar{x}}{3s} \right\}$ の2つの値の小さいほうの値とする．この C_{pk} は，両側規格のうち不適合品の出やすい側について，工程能力を評価していることを意味する．C_p と C_{pk} の関係は，$C_{pk} = (1 - K)C_p$

となる.ここで,$K=\dfrac{|M-\bar{x}|}{(S_U-S_L)/2}$ であり,分布の中心 $\bar{x}$ と規格の中心 M(M の計算は $M=\dfrac{S_U+S_L}{2}$ である)のかたより度を示している値である.分布の中心と規格の中心が同じときは,$K=0$ となり,$C_{pk}=C_p$ となる.

② 工程能力を評価する場合,まずはその工程が統計的に安定な状態であることが必要である.$\bar{X}-R$ 管理図などを用いて,管理外れや特別なくせがないことを確認することが重要で,もし工程に異常が発見されたときは,異常の原因を追求し対策をとらなければならない.つまり,工程能力指数 C_p 値を求める前提条件は,その工程が統計的に管理された状態でなければならない.また,品質特性の分布が正規分布であることを前提として工程能力指数を求めている.

両側規格の場合で品質特性の平均値が規格の中心値と同じとき,工程能力指数 C_p が 1.00 となるときの不適合品率は,正規分布より 0.27% となる.

すなわち,$C_p=\dfrac{S_U-S_L}{6s}=1.00$ とは,分布の中心と規格の中心が同じとき,分布の中心から $\pm 3s$ の値が規格上限 S_U と規格下限 S_L に一致している状態を意味する.さらに,$C_p=1.33$ となるときは,規格の幅 (S_U-S_L) が $\pm 4s$ となるときで,不適合品は,ほとんど発生しない工程と判断でき,理想とされる工程といえる.ちなみに,より詳細な正規分布表からその値を求めると 0.00634%(63.4ppm)となり,100万個中不適合品の発生個数は63個の工程といえる.

第11章のポイント

【1. 第11章で学ぶこと】

(1) 工程能力指数は,工程の作り込み品質を評価する尺度であり,ばらつきの少ない品質を作り込む工程は、工程能力がある工程といわれている.工程能力指数は,ある工程で作られる製品(部品)の品質特性がどれだけばらつきなく,規格に満足するかを評価する数値である.

(2) 工程能力指数の計算は,両側規格の場合は,$C_p = \dfrac{S_U - S_L}{6s}$,下限規格の場合は,$C_p = \dfrac{\bar{x} - S_L}{3s}$,上限規格の場合は,$C_p = \dfrac{S_U - \bar{x}}{3s}$として計算される.

(3) また,両側規格で分布のかたより(分布の中心が規格の中心からずれているとき)が存在する場合の工程能力指数は,$C_{pk} = \left\{ \dfrac{\bar{x} - S_L}{3s}, \ \dfrac{S_U - \bar{x}}{3s} \right\}$の2つの値の小さいほうの値とする.分布の中心$\bar{x}$と規格の中心が同じであるときは,$C_{pk} = C_p$となる.

(4) 工程能力を評価する場合,まずはその工程が統計的に安定な状態であることが前提となる.統計的に安定であることを$\bar{X} - R$管理図などを用いて,管理外れや特別なくせがないことを確認し,もし工程に異常が発見されたときは,異常の原因を追求し対策をとったのち,工程能力指数C_pを求め,その値を評価する.

【2. 理解しておくべきキーワード】

・工程能力　・工程能力指数(C_p)　・かたよりを考慮した工程能力指数(C_{pk})
・工程能力指数の評価方法

第12章　相関分析

解答12.1

(1)ウ．−0.644　(2)キ．−0.842　(3)カ．−0.979　(4)エ．層別
(5)ク．相関分析

解説12.1

① 図 12.1 から，いずれも負の相関が認められる．そのなかで，i) 全体，ii) (x, y_1)，iii) (x, y_2) の順に，回帰直線からのデータのばらつきが大きい．相関係数は，データが直線的に並ぶほど−1に近づく．したがって，解答はそれぞれウ，キ，カとなる．

② 図 12.1 から，これらのデータは，(x, y_1)，(x, y_2) に層別したほうが，データの直線性が顕著に認められる．データ解析にあたっては，層別することが重要である。

解答12.2

(1)ス．17,215　(2)シ．342,225　(3)ア．20　(4)キ．104
(5)ケ．49,226　(6)サ．980,100　(7)イ．221　(8)ク．29,076
(9)コ．579,150　(10)カ．119　(11)ソ．152　(12)エ．0.78

解説12.2

相関係数 r は，来客数と売上の偏差積和 $S(xy)$ を来客数の平方和 $S(xx)$，売上の平方和 $S(yy)$ の積の平方根で割ったものである．偏差積和は下記の式が定義式であり，問題文の式は手計算しやすいように変形したものである．

$$S(xy) = \sum (x-\bar{x})(y-\bar{y}) = \sum xy - \frac{(\sum x)(\sum y)}{n}$$

相関係数 r は、次のようにして計算される。

$$S(xx) = \sum x^2 - \frac{(\sum x)^2}{n} = 17{,}125 - \frac{585^2}{20} = 17{,}125 - \frac{342{,}225}{20} = 104$$

$$S(yy) = \sum y^2 - \frac{(\sum y)^2}{n} = 49{,}226 - \frac{990^2}{20} = 49{,}226 - \frac{980{,}110}{20} = 221$$

$$S(xy) = \sum xy - \frac{\sum x \cdot \sum y}{n} = 29{,}076 - \frac{585 \times 990}{20} = 29{,}076 - \frac{579{,}150}{20} = 119$$

$$r = \frac{S(xy)}{\sqrt{S(xx) \cdot S(yy)}} = \frac{119}{\sqrt{104 \times 221}} = \frac{119}{152} = 0.78$$

正の相関があれば，右肩上がりに打点され，偏差積和が正になる．一方，負の相関があれば，右肩下がりに打点され，偏差積和が負になる．無相関の場合には，偏差積が正の領域と負の領域にほぼ等分に打点されるため，偏差積は，0に近い値となる．図12.2は，正の相関関係が見られる．

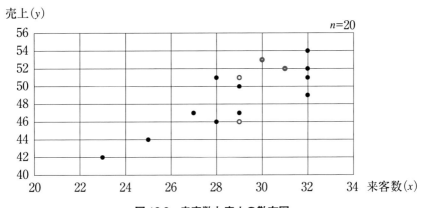

図12.2　来客数と売上の散布図

第12章のポイント

【1．第12章で学ぶこと】

（1） 変数 x と y との相関係数は、x と y の偏差積和 $S(xy)$ を，x の平方和 $S(xx)$，y の平方和 $S(yy)$ の積の平方根で割って求められる．

（2） 相関係数は，－1から＋1までの範囲の値をとる．

（3） 変数 x と y に正の相関がある場合、散布図の打点は右肩上がりになり，相関係数は正の値となる．

（4） 変数 x と y に負の相関がある場合、散布図の打点は右肩下がりになり，相関係数は負の値となる．

（5） 相関係数の絶対値が1の場合には，散布図の打点は，すべて直線上の打点となる．

（6） 変数 x と y に相関がない場合（無相関）、散布図の打点に右肩あがり，右肩さがりの傾向は認められず，相関係数は0に近い値となる．

【2．理解しておくべきキーワード】

・偏差積和　・相関係数　・正の相関　・負の相関　・無相関

引用・参考文献

[1] 細谷克也編著：『【新レベル表対応版】QC 検定受検テキスト 2 級』，日科技連出版社，2015
[2] 細谷克也編著：『【新レベル表対応版】QC 検定受検テキスト 3 級』，日科技連出版社，2015
[3] 細谷克也編著：『QC 検定 3 級対応問題・解説集』，日科技連出版社，2009
[4] 細谷克也：『やさしい QC 手法演習 QC 七つ道具— JIS 完全対応版』，日科技連出版社，2006
[5] 吉澤正編：『クォリティマネジメント用語辞典』，日本規格協会，2004 年
[6] 日本品質管理学会：「品質管理用語 JSQC-Std 00-001」，日本品質管理学会，2011
[7] 永田靖：『入門統計解析法』，日科技連出版社，1992
[8] 「JIS Q 9024：2003　マネジメントシステムのパフォーマンス改善—継続的改善の手順及び技法の指針」
[9] 「JIS Z 8002：2006　標準化及び関連活動— 一般的な用語」
[10] 「JIS Z 8101-2：2015　統計—用語と記号—第 2 部：統計の応用」
[11] 「JIS Z 8115：2000　デイペンダビリティ(信頼性)用語」
[12] 「JIS Z 9002：1956　計数規準型一回抜取検査(不良個数の場合)(抜取検査 その 2)」

◆品質管理検定講座編集委員会　委員紹介

委員長・編著者	細谷　克也	（ほそたに　かつや）
	品質管理総合研究所　代表取締役所長	
委　員・著　者	岩崎　日出男	（いわさき　ひでお）
	近畿大学　名誉教授	
	今野　勤	（こんの　つとむ）
	神戸学院大学経営学部　教授	
	竹山　象三	（たけやま　しょうぞう）
	有限会社ていくすりー企画　代表取締役	
	竹士　伊知郎	（ちくし　いちろう）
	株式会社南海化学 R&D　取締役	
	西　敏明	（にし　としあき）
	岡山商科大学経営学部　教授	

品質管理検定講座
【新レベル表対応版】
QC 検定 3 級模擬問題集

2013年12月21日　第1版第1刷発行
2016年 1 月22日　第1版第5刷発行
2016年 4 月27日　第2版第1刷発行
2017年 5 月22日　第2版第3刷発行

編著者　細谷　克也
著　者　岩崎　日出男　　今野　　勤
　　　　竹山　象三　　　竹士　伊知郎
　　　　西　　敏明
発行人　田中　　健

検印省略

発行所　株式会社日科技連出版社
〒151-0051　東京都渋谷区千駄ヶ谷5-15-5
　　　　　　DSビル
　　　　　電　話　出版　03-5379-1244
　　　　　　　　　営業　03-5379-1238

Printed in Japan　　印刷・製本　㈱リョーワ印刷

© Katsuya Hosotani et al. 2013, 2016
URL http://www.juse-p.co.jp/　　ISBN 978-4-8171-9569-2

本書の全部または一部を無断で複写複製（コピー）することは，著作権法上での例外を除き，禁じられています．

QC検定　問題集・テキストシリーズ

品質管理検定講座（全4巻）

【新レベル表対応版】QC検定1級模擬問題集
【新レベル表対応版】QC検定2級模擬問題集
【新レベル表対応版】QC検定3級模擬問題集
【新レベル表対応版】QC検定4級模擬問題集

品質管理検定試験受検対策シリーズ（全4巻）

【新レベル表対応版】QC検定1級対応問題・解説集（近日刊行）
【新レベル表対応版】QC検定2級対応問題・解説集（近日刊行）
【新レベル表対応版】QC検定3級対応問題・解説集
【新レベル表対応版】QC検定4級対応問題・解説集（近日刊行）

品質管理検定集中講座（全4巻）

【新レベル表対応版】QC検定受検テキスト1級
【新レベル表対応版】QC検定受検テキスト2級
【新レベル表対応版】QC検定受検テキスト3級
【新レベル表対応版】QC検定受検テキスト4級

好評発売中！

日科技連出版社ホームページ　http://www.juse-p.co.jp/